U0546190

# 數學導論

Introduction to Mathematics

$$A = \frac{a_1 + \cdots + a_k}{k} \geq (a_1 \cdots a_k)^{1/k}$$

$$F_{n+2} = F_n + F_{n+1}$$

程守慶 著

# 目錄

推薦序（一）：林育竹教授　　iii

推薦序（二）：沈俊嚴教授　　vii

自序　　ix

**第 1 章　邏輯與命題**　　1
§1.1 命題 . . . . . . . . . . . . . . . . . . . . . 1
§1.2 證明的方法 . . . . . . . . . . . . . . . 20
§1.3 參考文獻 . . . . . . . . . . . . . . . . . 26

**第 2 章　集合論**　　27
§2.1 前言 . . . . . . . . . . . . . . . . . . . . . 27
§2.2 類與集合 . . . . . . . . . . . . . . . . . 31
§2.3 類的乘積 . . . . . . . . . . . . . . . . . 41
§2.4 廣義聯集與交集 . . . . . . . . . . . 48
§2.5 公設化集合論 . . . . . . . . . . . . . 53
§2.6 後語 . . . . . . . . . . . . . . . . . . . . . 58
§2.7 參考文獻 . . . . . . . . . . . . . . . . . 60

**第 3 章　數學歸納原理**　　61
§3.1 數學歸納原理 . . . . . . . . . . . . . 61
§3.2 遞迴數列 . . . . . . . . . . . . . . . . . 74
§3.3 簡易數論 . . . . . . . . . . . . . . . . . 81

§3.4 參考文獻 . . . . . . . . . . . . . . . . . . . . . . 89

## 第 4 章　函數　91

§4.1 函數的定義 . . . . . . . . . . . . . . . . . . . . . 91
§4.2 合成函數與反函數 . . . . . . . . . . . . . . . . 98
§4.3 替換公設 . . . . . . . . . . . . . . . . . . . . . . . 110
§4.4 參考文獻 . . . . . . . . . . . . . . . . . . . . . . . 115

## 第 5 章　關係與序　117

§5.1 關係 . . . . . . . . . . . . . . . . . . . . . . . . . . 117
§5.2 等價關係與分割 . . . . . . . . . . . . . . . . . . 121
§5.3 同餘 . . . . . . . . . . . . . . . . . . . . . . . . . . 129
§5.4 序 . . . . . . . . . . . . . . . . . . . . . . . . . . . . 139
§5.5 參考文獻 . . . . . . . . . . . . . . . . . . . . . . . 153

## 第 6 章　基數　155

§6.1 基數 . . . . . . . . . . . . . . . . . . . . . . . . . . 155
§6.2 可數與不可數集合 . . . . . . . . . . . . . . . . 164
§6.3 基數算術 . . . . . . . . . . . . . . . . . . . . . . . 171
§6.4 連續統假設 . . . . . . . . . . . . . . . . . . . . . 177
§6.5 參考文獻 . . . . . . . . . . . . . . . . . . . . . . . 179

# 推薦序（一）

林育竹
成功大學數學系教授

　　數學是一門建立在公設化系統下，做邏輯推導的學問。我們可以發現從中學數學進入到高等數學的門檻相對於物理、化學等學門來得高，銜接上產生一個大斷層。主要的原因是目前國內中學的數學課程設計，並非針對銜接大學高等數學為目標，反而是著重在算術能力的訓練及數學基本能力之普及，導致較深入的教材被犧牲，弱化了抽象的邏輯推演能力的培養。因此部分大學數學系的課程設計陸續增加了一些銜接性課程，例如：「微積分先修」、「解析幾何」、「數學導論」等，讓學生能夠順利地銜接高等數學。除了修課，一般對高等數學有興趣的人眾要如何跨越這道門檻呢？

　　清華大學數學系程守慶特聘教授是多複變方面研究的專家，同時也是清華大學裡獲得三次傑出教學殊榮的優良教師。幸運地，本人能在師門之下，承蒙老師指導、教誨，並且修了多門由老師開設的課程，受惠良多。程教授近年投身於數學教育的推廣，陸續出版了《數學：讀、想》、《初等數學》、《數學：我思故我在》三本著作，提供不同年齡或數學背景的讀者，探索數學的真與美。原本清華大學生獨享的「清華限定」優質教學，現在一般大眾可透過程教授的

著作一睹其風采。這次他針對一般高中生與大學生的數學素養的培養及高等數學基礎能力的強化，取材於集合論，推出了這本《數學導論》的著作。

數學研究的對象，是那些從實際存在的事物中高度抽象出來的客觀物件，通常數學系統都是用所謂的集合來描述這些客觀物件。而集合論是完全就集合本身的一般規律建立起來的理論系統，它是數學發展的基礎。二十世紀初期，集合論在發展上出現了一些悖論的爭議，引起了一場數學危機。當中最有名就是英國邏輯學家羅素所提出的悖論，而大家所熟知的「理髮師悖論」是羅素用來比喻羅素悖論的一個通俗說法。為了排除這些悖論，策梅洛-弗蘭克爾公設化集合論便應運而生，再加上選擇公設之後，策梅洛-弗蘭克爾公設就形成一套更完備的公設化集合論，稱之為 $ZFC$。而公設化集合論已發展成為了近代數學各個分支中不可或缺的工具。

在數學上的論述必須符合邏輯論證的形式語言，研究的對象不外乎是集合與函數。本書共包含六章，第 1 章便先介紹命題和邏輯，以及數學證明的方法。接下來的章節，程教授採用另一個更為直觀、也廣為大眾所接受馮紐曼公設化集合論系統為基礎，同時透過函數與它的圖不可區分的關係，給予函數一個嚴謹的定義，將概念統合以集合論出發。在第 2 章以相對嚴謹的說法定義類和集合，以及如何公設化集合論，並排除羅素的悖論。緊接著在第 3 至 6 章依序介紹數學歸納原理、函數、關係與序、集合的大小，最後以西元 1900 年希爾伯特提出的 23 個問題的第一題，即由康托爾關於無窮集合大小所提出的連續統假設，及連續統假設迄今的發展作為本書結尾。連續統假設的敘述不難理解，但經歷百年後仍是當代集合論中爭論的中心議題。全書將近 200 頁的篇幅，程教授以清晰簡明的文筆，引導讀者縝密思考、領略集合論中重要的概念及定理，也讓讀者快速地掌握近代集合論發展的歷史脈絡。

推薦序（一）：林育竹教授

　　對於集合元素做分類，是代數學非常重要的工作之一，而分類的方法主要是透過等價關係來建立集合的分割。在第 5 章裡，整數論中的同餘概念是初學者建立等價關係、等價類、商空間等基本的概念很好的題材。此外，書中亦提供拓樸學裡幾個重要的例子，讓讀者感受商空間的視覺化體現。即在平面上一個長方形，考慮不同的等價關係，把等價類裡面的元素黏合成一個點，便分別呈現莫比烏斯帶、環面、克萊因瓶。瞬間文字生動了起來，數學結構的美躍然於紙上！

　　從中學數學進入高等數學的一個門檻之一就是數學思維的突破。在高中物理力學及運動學的基礎下，對於微積分中的概念及定理我們很容易就接受、理解。相較之下，對於集合的大小問題，卻常與直觀相衝突。整數和自然數哪一個比較多？在實數線上的閉區間 $[0, 1]$ 和平面上的正方形 $[0, 1]\times[0, 1]$，孰大？孰小？答案是，整數和自然數有一樣多的個數。更令人吃驚地是一條曲線竟然可以把整個正方形填滿，所以線段和正方形有相同的大小。這類問題必須由數學邏輯看法來說明。對於無窮集合的大小，我們須跳脫有限集合的思維框架，引進基數的概念。當集合的基數為無窮大時，是一個蠻抽象的概念，直到數學家康托爾、伯恩斯坦與施洛德等人的研究貢獻，我們在集合論上才有比較清晰的脈絡可循。

　　如果你正在尋找一本進入高等數學的入門書，就一定不要錯過這本《數學導論》。透過程守慶教授深厚的學術涵養及優質的教學經驗，帶領著你跨越專業數學的門檻，在「想數」、「享數」之間徜徉，領略數學知識的真與數學內涵的美，進而奠定穩固的數學基礎能力，打開數學視野！

# 推薦序（二）

沈俊嚴
臺灣大學數學系教授

　　科學的發展除了需要科學儀器輔助，更重要的是在背後支撐的科學理論，而理論的發展必須倚靠具連貫性、系統性的架構。數學作為科學之母，更需要一座固若金湯的城堡來穩固奠定後續發展。本書《數學導論》將幫助讀者瞭解數學這門科學發展的基石是什麼，及如何在這基石之上發展出系統性的架構。本書分成六個章節，涵蓋邏輯、集合論、數學歸納法、函數、關係與序以及基數。作者以深入淺出的方式，介紹這些重要的概念。有別於作者其他的書籍，本書旨在提供讀者瞭解數學這座城堡的地基是什麼，因此很適合想要從源頭來瞭解數學發展的廣泛讀者。尤其對於數學特別有興趣的高中生或大學生，更應好好細讀本書來厚實自我的數學涵養。

　　回想自己與程守慶教授相識已超過 20 年。從我進入清華大學數學研究所就讀、畢業後入伍、退伍後再回到清華大學擔任國家數學理論中心的研究助理，一直到出國攻讀博士前的這段期間，特別蒙受程老師的栽培與厚愛，也有幸能就近認識程老師。程老師在學生眼中是出了名治學嚴謹的學者，而且修過程老師課的學生，無一不被老師對於數學的熱情所感動。我印象特別深刻的是擔任研究助理

期間，午餐後程老師與我時常會在校園裡散步，聊許多數學；更珍貴的是程老師會分享自己在教學及研究上的心得，至今我仍受益良多。前幾年某次與程老師聊天，老師提到希望把自己近 30 年的數學心得，撰寫成幾本適合大眾閱讀的數學書籍──希望透過有別於數學教科書的觀點，讓更多人認識數學、體會數學的美以及嚴謹。幾年過去了，程老師果真將這些寶貴的心得撰寫出一本又一本的好書。內心除了欽佩程老師豐厚的學養，更是感動程老師對於臺灣數學發展的努力。在程老師的潛移默化之下，對我的教學與研究發展產生極大的影響。

本書《數學導論》是一本非常合適自學的數學書籍，沒有高深複雜的數學理論，而是提供基礎且重要的數學架構。如書名「導論」，讓讀者深刻瞭解數學如何在這些基礎上發展‧如何將這些基礎嚴謹化及系統化。我自己在閱讀本書的第 1 章開始，就被程老師深厚的寫作功力深深吸引。即使身為數學愛好者，自己已閱讀過不少數學導論的英文書籍，但這本中文的數學導論，在內容的安排及銜接更勝於不少英文的數學導論：一路從邏輯命題，集合論到最後章節內容基數，讓人讀完後更能體會數學發展的穩固性從何而來，許多問題與反思也會一直迴盪在內心。因此我非常誠摯地推薦本書給所有想要一探究竟數學「基礎」的讀者。

# 自序

這本書是繼《數學：讀、想》與《數學：我思故我在》之後，重新整理撰寫的一本書。主要是介紹一些數學的基本概念，特別是集合論。集合論可以說是數學的墊腳石，它是數學發展的基礎。然而卻也是被大眾長期忽略的一部分，造成一般學子在數學養成過程之不足。為了彌補此缺失，以及提供一本合適的讀本與教科書，才有了撰寫本書的動機。

本書的編寫共分六章，包含了邏輯與命題、集合論、數學歸納原理、函數、關係與序以及基數。主要是從集合論來出發，以相對嚴謹的說詞來定義什麼是類？什麼是集合，以及如何公設化集合論，並排除羅素的悖論。數學歸納原理則適時地被引入，以增加讀者的視野。另外，我們也給予函數一個嚴謹的定義，並且在集合裡定義所謂的關係與序。最後，對於集合的大小，亦即，集合的基數，作一個初步的介紹與探討。整本書的撰寫也適可而止，不作無限的延伸，以方便它更能被大眾所接納。

很明顯地，這本書主要的目的就是希望能把數學基礎的部分加以強化，使之更為穩固。也因為秉持著這樣的思維與理念，我把這本書取名為《數學導論》，但願它有助於培養一般高中生與大學生的數學素養。

同時，本書的內容也可以用來作為大學裡一學期數學導論的教材。為此我們在每一節也特意收集了一些相關的問題以供學生們複習與練習用，達到相輔相成的效果。

在此，我要感謝華藝學術出版部長久以來的鼎力支持，讓本書得以出版問世。同時我也要對國立成功大學數學系林育竹教授與國立臺灣大學數學系沈俊嚴教授在百忙之中願意抽空為本書撰寫推薦序，表達由衷的謝意。清華大學數學系博士班楊佳晉、梁孟豪也幫忙看了部分章節的初稿，給了一些建議，在此謝謝他們。

最後，我也要感謝家人在本書編寫的這段期間所給予之支持與鼓勵。

程守慶
2023 年 5 月于新竹

# 第 1 章
# 邏輯與命題

## §1.1 命題

數學上我們常常需要寫證明,用來說明定理為什麼是對的。因此,我們必須去尋找一個證明的方法,並且要能以某種語言的方式與其他人溝通。基本上,這些論證 (argument) 就是由前提 (premise)、推論過程以及結論 (conclusion) 所組成,其間透過系統化的邏輯來推導。至於前提、推論過程以及結論則由命題 (proposition) 與命題之間的關係來構成。

什麼是一個命題? 簡單地講,一個命題 (或敘述,statement) 就是一個可以辨別真或假的句子。沒有真假值的句子不表達任何命題。所以,問句都不是命題。我們稱命題的真或假為此命題的真值 (truth value)。比如說:

> 巴黎是法國的首都,
>
> 錢長在地上,
>
> 雪是白的,

以上都是命題。第一、三句為真，第二句為假。然而，

$$他英俊嗎？$$

則不是一個命題。首先，我們並不知道「他」指的是誰。再來我們也無法認定「他」是否真的英俊，因為這是一個主觀的意識。通常我們會用英文大寫 $P$、$Q$、$R$、$S$ 等等來表示命題。

命題也可以透過不同的方式組合成較複雜的命題。如果 $P$ 是一個命題，最簡單的方式就是我們可以否定 $P$，形成 $P$ 的否言 (或否命題，negation of $P$)，記為 $\neg P$。因此，一個命題 $P$ 的否命題 $\neg P$ 的真值滿足下面的性質：

$T_1$：如果 $P$ 為真，則 $\neg P$ 為假；如果 $P$ 為假，則 $\neg P$ 為真。換句話說，一個命題的否言的真值與原命題的真值正好相反。

一般我們也會以下面的真值表 (truth table) 來表示 $\neg P$ 與 $P$ 的關係：

| $P$ | $\neg P$ |
|---|---|
| T | F |
| F | T |

其中 T 代表真，F 代表假，亦即，命題的真值。

**例 1.1.1.** 考慮下面三個命題：

(1) $2 + 6 = 10$。

(2) $2 + 6 \neq 10$。

(3) $2 + 6 = 10$ 是假的。

上面 (2) 與 (3) 都是 (1) 的否言。

§1.1 命題

有些命題是複合的 (composite)。複合命題 (compound proposition) 是由子命題 (substatement) 和各種連結詞 (connectives) 所組成的。因此，我們可以把任意兩個命題 $P$ 與 $Q$ 用連結詞「且」(and) 來形成複合命題。這樣形成的複合命題叫作這些子命題的連言 (conjunction)。兩個命題 $P$ 與 $Q$ 的連言，記作

$$P \wedge Q。$$

複合命題 $P \wedge Q$ 的真值滿足下面的性質：

$T_2$：如果 $P$ 真且 $Q$ 真，則 $P \wedge Q$ 為真。其他情形 $P \wedge Q$ 都假。換句話說，只有在每一子命題都真之下，此連言才真。

一般我們也會以下面的真值表來表示連言 $P \wedge Q$ 的真值：

| $P$ | $Q$ | $P \wedge Q$ |
|---|---|---|
| T | T | T |
| T | F | F |
| F | T | F |
| F | F | F |

**例 1.1.2.** 考慮下面四個命題：

(1) 曼谷在泰國且 $1 + 2 = 3$。
(2) 曼谷在印尼且 $1 + 2 = 3$。
(3) 曼谷在泰國且 $1 + 2 = 4$。
(4) 曼谷在印尼且 $1 + 2 = 4$。

只有命題 (1) 是真。其他命題都是假，因為至少有一個子命題為假。

另外，我們也可以把任意兩個命題 $P$ 與 $Q$ 用連結詞「或」(or) 來形成複合命題。這樣形成的複合命題叫作這些子命題的選言 (disjunction)。兩個命題 $P$ 與 $Q$ 的選言，記作

$$P \vee Q。$$

複合命題 $P \vee Q$ 的真值滿足下面的性質：

$T_3$：如果 $P$ 真或 $Q$ 真或 $P$ 與 $Q$ 兩者都真，則 $P \vee Q$ 為真。其他情形 $P \vee Q$ 為假。換句話說，只有在每一子命題都假之下，此選言才假。

一般我們也會以下面的真值表來表示選言 $P \vee Q$ 的真值：

| $P$ | $Q$ | $P \vee Q$ |
|---|---|---|
| T | T | T |
| T | F | T |
| F | T | T |
| F | F | F |

**例 1.1.3.** 考慮下面四個命題：

(1) 曼谷在泰國或 $1+2=3$。
(2) 曼谷在印尼或 $1+2=3$。
(3) 曼谷在泰國或 $1+2=4$。
(4) 曼谷在印尼或 $1+2=4$。

只有命題 (4) 是假。其他命題都是真，因為至少有一個子命題為真。

數學上有許多命題是：「若 $P$ 則 $Q$」的形式。我們稱這一類的命

## §1.1 命題

題為如言 (conditional) 命題，並記作

$$P \to Q。$$

通常如言 $P \to Q$ 也可以唸成：$P$ 涵蘊 (implies) $Q$，或 $P$ 對 $Q$ 是充分的 (sufficient)，或 $Q$ 對 $P$ 是必要的 (necessary)。一般對於如言 $P \to Q$，我們也稱 $P$ 為假設 (hypothesis)，$Q$ 為結論。在日常生活裡，「若 $P$ 則 $Q$」時常帶有一種因果關係。比如說：若黃同學修完這門課，黃同學就可以畢業。但是，在數學上，涵蘊是一種形式的認知。也就是說：如言命題 $P \to Q$ 的真值滿足下面的性質：

$T_4$：除了 $P$ 真且 $Q$ 假外，如言 $P \to Q$ 都是真。

這也說明了，若 $P$ 則 $Q$ 是由下面的真值表來定義。

| $P$ | $Q$ | $P \to Q$ |
|---|---|---|
| T | T | T |
| T | F | F |
| F | T | T |
| F | F | T |

因此，數學上的涵蘊與因果關係的涵蘊是有所不同。例如：命題

$$1+1=2 \to \pi \text{是一個超越數 (transcendental number)}$$

是真，即使在兩個成分命題之間沒有因果關係。另外，命題

$$3+5=11 \to 8 \text{ 是一個質數 (prime number)}$$

也是真，雖然兩個成分命題都是假。

**定義 1.1.4.** 如果 $P$ 與 $Q$ 為兩個命題，則定義 $P \to Q$ 的逆命題 (converse) 為 $Q \to P$。

$P \to Q$ 的逆命題 $Q \to P$ 是由下面的真值表來定義。

| $P$ | $Q$ | $P \to Q$ | $Q \to P$ |
|---|---|---|---|
| T | T | T | T |
| T | F | F | T |
| F | T | T | F |
| F | F | T | T |

另外，如果 $P$、$Q$ 為兩個命題，我們也定義雙如言 (biconditional) 命題：$P$ 若且唯若 $Q$，並記作 $P \leftrightarrow Q$。雙如言命題 $P \leftrightarrow Q$ 的真值滿足下列的性質：

$T_5$：如果 $P$ 與 $Q$ 具有相同的真值，則 $P \leftrightarrow Q$ 為真；如果 $P$ 與 $Q$ 具有相反的真值，則 $P \leftrightarrow Q$ 為假。

這也說明了，$P \leftrightarrow Q$ 是由下面的真值表來定義。

| $P$ | $Q$ | $P \leftrightarrow Q$ |
|---|---|---|
| T | T | T |
| T | F | F |
| F | T | F |
| F | F | T |

不難看出，雙如言命題 $P \leftrightarrow Q$ 就是 $(P \to Q) \wedge (Q \to P)$。

**定義 1.1.5.** 如果 $P$ 與 $Q$ 為兩個命題，則定義 $P \to Q$ 的逆否命題 (contrapositive) 為 $\neg Q \to \neg P$。

$P \to Q$ 的逆否命題 $\neg Q \to \neg P$ 是由下面的真值表來定義。

## §1.1 命題

| $P$ | $Q$ | $\neg P$ | $\neg Q$ | $\neg Q \to \neg P$ |
|---|---|---|---|---|
| T | T | F | F | T |
| T | F | F | T | F |
| F | T | T | F | T |
| F | F | T | T | T |

一個很重要的觀察就是 $\neg Q \to \neg P$ 在其真值表的主要行裡的值是與 $P \to Q$ 之真值表主要行裡的值是完全一致的。

更一般地作法就是讓字母 $p, q, \cdots$ 代表變數,再用連結詞 $\wedge$、$\vee$、$\neg$、$\to$ 與 $\leftrightarrow$ 來結合這些變數,而得到一個表示式,稱之為布爾多項式 (Boolean polynomial):

布爾 (George Boole,1815–1864) 為一位英格蘭數學家與哲學家,數理邏輯學先驅。

**例 1.1.6.** 下面是二個變數 $p$ 與 $q$ 的布爾多項式:
$$f(p,q) = \neg p \vee (p \to q),$$
$$g(p,q) = (p \leftrightarrow \neg q) \wedge q。$$
它們的連言與 $f(p,q)$ 的否言:
$$f(p,q) \wedge g(p,q) = [\neg p \vee (p \to q)] \wedge [(p \leftrightarrow \neg q) \wedge q],$$
$$\neg f(p,q) = \neg[\neg p \vee (p \to q)]。$$

現在,如果布爾多項式 $f(p, q, \cdots)$ 裡的每一個變數 $p, q, \cdots$ 分別被特定的命題 $p_0, q_0, \cdots$ 所取代,那麼表示式
$$f(p_0, q_0, \cdots)$$
也是一個命題,故有一真值。

**例 1.1.7.** 令 $f(p,q) = \neg p \wedge (p \to q)$，$p_0$ 為 $2+3=6$，$q_0$ 為 $1+1=2$，則 $f(p_0, q_0)$ 讀作：

$$2+3 \neq 6 \text{，並且如果 } 2+3=6 \text{ 則 } 1+1=2 \text{。}$$

因為 $2+3 \neq 6$ 是真，$(2+3=6) \to (1+1=2)$ 是真，所以命題 $f(p_0, q_0)$ 也是真。

假設 $f(p, q, \cdots)$ 為一個布爾多項式。如果命題 $p_0, q_0, \cdots$ 分別具有與命題 $p'_0, q'_0, \cdots$ 相同的真值，則 $f(p_0, q_0, \cdots)$ 與 $f(p'_0, q'_0, \cdots)$ 具有相同的真值。所以，我們作如下的定義：

**定義 1.1.8.** 一個命題，記作 $P(p, q, \cdots)$、$Q(p, q, \cdots) \cdots$，或簡記作 $P$、$Q \cdots$，是含有變數 $p, q, \cdots$ 的一個布爾多項式。

因此，一個命題 $P(p, q, \cdots)$ 的真值是從各命題 $p, q, \cdots$ 的真值來著手。不難看出，如欲陳述命題 $P(p, q, \cdots)$ 的真值與其變數 $p, q, \cdots$ 的真值之間的關係，一個最簡單、直接的方式就是作出其真值表。

**定義 1.1.9.** 我們說命題 $P(p, q, \cdots)$ 是一恆真言 (tautology)，如果對任何命題 $p_0, q_0, \cdots$，$P(p_0, q_0, \cdots)$ 都真，亦即，一恆真言在其真值表的主要行裡只含 T。

**定義 1.1.10.** 我們說命題 $P(p, q, \cdots)$ 是一矛盾言 (contradiction)，如果對任何命題 $p_0, q_0, \cdots$，$P(p_0, q_0, \cdots)$ 都假，亦即，一矛盾言在其真值表的主要行裡只含 F。

§1.1 命題

**定理 1.1.11.** 下面的命題都是恆真言:

(i) $P \vee \neg P$。
(ii) $P \vee Q \leftrightarrow (\neg P \to Q)$。
(iii) $\neg(P \to Q) \leftrightarrow P \wedge \neg Q$。
(iv) $\neg(P \vee Q) \leftrightarrow \neg P \wedge \neg Q$。
(v) $\neg(P \wedge Q) \leftrightarrow \neg P \vee \neg Q$。
(vi) $\neg(\neg P) \leftrightarrow P$。

一般我們稱 (iv) 與 (v) 為德摩根法則 (De Morgan's laws)。

德摩根 (Augustus De Morgan,1806–1871) 為一位英國數學家。

**證明**:我們證明 (i) 與 (v),其餘放在習題裡,由讀者自行驗證。建構命題 (i) 與 (v) 的真值表如下:

| $P$ | $\neg P$ | $P \vee \neg P$ |
|---|---|---|
| T | F | T |
| F | T | T |

與

| $P$ | $Q$ | $\neg P$ | $\neg Q$ | $P \wedge Q$ | $\neg(P \wedge Q)$ | $\neg P \vee \neg Q$ | $W$ |
|---|---|---|---|---|---|---|---|
| T | T | F | F | T | F | F | T |
| T | F | F | T | F | T | T | T |
| F | T | T | F | F | T | T | T |
| F | F | T | T | F | T | T | T |

其中 $W = \neg(P \wedge Q) \leftrightarrow \neg P \vee \neg Q$。所以,命題 (i) 與 (v) 都是恆真言。證明完畢。 □

**定理 1.1.12.** 下面的命題都是恆真言：

(i) $(P \leftrightarrow Q) \to (Q \leftrightarrow P)$。
(ii) $(P \leftrightarrow Q) \leftrightarrow (\neg P \leftrightarrow \neg Q)$。
(iii) $[\neg P \to (Q \wedge \neg Q)] \to P$。
(iv) $(P \leftrightarrow Q) \to (R \wedge P \leftrightarrow R \wedge Q)$。
(v) $(P \leftrightarrow Q) \to (R \vee P \leftrightarrow R \vee Q)$。

本定理的證明放在習題裡，由讀者自行驗證。底下則是一些關於命題之間透過連結詞所得到的遞移律 (transitivity)、分配律 (distributivity) 與結合律 (associativity)，在實際運算上是蠻有用的。

**定理 1.1.13.** 下面的命題都是恆真言。

(i) (遞移律) $[(P \to Q) \wedge (Q \to R)] \to (P \to R)$。
(ii) (遞移律) $[(P \leftrightarrow Q) \wedge (Q \leftrightarrow R)] \to (P \leftrightarrow R)$。
(iii) (分配律) $[P \vee (Q \wedge R)] \leftrightarrow [(P \vee Q) \wedge (P \vee R)]$。
(iv) (分配律) $[P \wedge (Q \vee R)] \leftrightarrow [(P \wedge Q) \vee (P \wedge R)]$。
(v) (結合律) $[(P \vee Q) \vee R] \leftrightarrow [P \vee (Q \vee R)]$。
(vi) (結合律) $[(P \wedge Q) \wedge R] \leftrightarrow [P \wedge (Q \wedge R)]$。

**證明：**我們證明 (i)，其餘放在習題裡，由讀者自行驗證。我們推導命題 $W = W(P, Q, R) = [(P \to Q) \wedge (Q \to R)] \to (P \to R))$ 的真值表如下：

§1.1 命題

| $P$ | $Q$ | $R$ | $P \to Q$ | $Q \to R$ | $P \to R$ | $(P \to Q) \wedge (Q \to R)$ | $W$ |
|---|---|---|---|---|---|---|---|
| T | T | T | T | T | T | T | T |
| T | T | F | T | F | F | F | T |
| T | F | T | F | T | T | F | T |
| T | F | F | F | T | F | F | T |
| F | T | T | T | T | T | T | T |
| F | T | F | T | F | T | F | T |
| F | F | T | T | T | T | T | T |
| F | F | F | T | T | T | T | T |

所以，命題 (i) 是恆真言。證明完畢。 □

**定理 1.1.14.** 下面的命題都是矛盾言：

(i) $P \wedge \neg P$。
(ii) $(P \to Q) \wedge (P \wedge \neg Q)$。
(iii) $[(P \vee Q) \wedge \neg P] \wedge \neg Q$。
(iv) $(P \wedge Q) \wedge \neg P$。

**證明：** 命題 (i) 是一矛盾言，如其真值表所示：

| $P$ | $\neg P$ | $P \wedge \neg P$ |
|---|---|---|
| T | F | F |
| F | T | F |

命題 (ii) 的證明：

首先，由定理 1.1.11 (iii) 知道，$\neg(P \to Q) \leftrightarrow P \wedge \neg Q$。因此，

$$(P \to Q) \wedge (P \wedge \neg Q) \leftrightarrow (P \to Q) \wedge \neg(P \to Q)$$

是一恆真言。再由本定理之 (i)，便推得命題 (ii) 是一矛盾言。

命題 (iii) 的證明：

透過結合律、德摩根法則，由恆真言

$$[(P \lor Q) \land \neg P] \land \neg Q \leftrightarrow (P \lor Q) \land (\neg P \land \neg Q) \leftrightarrow (P \lor Q) \land \neg(P \lor Q)$$

與本定理之 (i)，便可以推得 (iii) 是一矛盾言。

至於命題 (iv)，由恆真言

$$(P \land Q) \land \neg P \leftrightarrow \neg P \land (P \land Q) \leftrightarrow (\neg P \land P) \land Q$$

與本定理之 (i)，可以很明顯地看出 (iv) 是一矛盾言。證明完畢。 □

因為恆真言的真值恆為真，故恆真言的否定恆假，為一矛盾言。反之亦然。

**定義 1.1.15.** 兩個命題 $P(p, q, \cdots)$ 與 $Q(p, q, \cdots)$ 被稱為邏輯的等價 (logical equivalence)，如果它們的真值恆為一致，並記作：

$$P(p, q, \cdots) \equiv Q(p, q, \cdots)。$$

由前面的定義，便可直接推得下面的一些結果。

**定理 1.1.16.** 在命題裡定義成

$$P(p, q, \cdots) \equiv Q(p, q, \cdots)$$

的關係是一個等價關係 (equivalence relation)。也就是說，關係「≡」滿足：

(i) (自反律，reflexivity) 對每一命題 $P(p, q, \cdots)$，$P(p, q, \cdots) \equiv P(p, q, \cdots)$；

§1.1 命題

(ii) (對稱律，symmetry) 如果 $P(p,q,\cdots) \equiv Q(p,q,\cdots)$，則
$$Q(p,q,\cdots) \equiv P(p,q,\cdots)\,;$$

(iii) (遞移律) 如果 $P(p,q,\cdots) \equiv Q(p,q,\cdots)$ 且 $Q(p,q,\cdots) \equiv R(p,q,\cdots)$，則
$$P(p,q,\cdots) \equiv R(p,q,\cdots)\,\text{。}$$

**定理 1.1.17.** $P(p,q,\cdots) \equiv Q(p,q,\cdots)$ 若且唯若命題
$$P(p,q,\cdots) \leftrightarrow Q(p,q,\cdots)$$
是一恆真言。

**定理 1.1.18.** 如果命題 $P(p,q,\cdots)$ 與 $Q(p,q,\cdots)$ 兩者都是恆真言或兩者都是矛盾言，則
$$P(p,q,\cdots) \equiv Q(p,q,\cdots)\,\text{。}$$

**定理 1.1.19.** 如果 $P(p,q,\cdots) \equiv Q(p,q,\cdots)$，則對任何命題 $P_1, P_2,\cdots$，
$$P(P_1,P_2,\cdots) \equiv Q(P_1,P_2,\cdots)\,\text{。}$$

底下是一個非常實用的定理。

**定理 1.1.20.** 如言命題是邏輯的等價於其逆否命題，也就是說，
$$(P \to Q) \leftrightarrow (\neg Q \to \neg P)$$
是一恆真言。

**證明：** 我們建構此命題的真值表如下：

| $P$ | $Q$ | $\neg P$ | $\neg Q$ | $P \to Q$ | $\neg Q \to \neg P$ | $(P \to Q) \leftrightarrow (\neg Q \to \neg P)$ |
|---|---|---|---|---|---|---|
| T | T | F | F | T | T | T |
| T | F | F | T | F | F | T |
| F | T | T | F | T | T | T |
| F | F | T | T | T | T | T |

所以，如言命題是邏輯的等價於其逆否命題，亦即，$(P \to Q) \leftrightarrow (\neg Q \to \neg P)$ 是一恆真言。證明完畢。 □

**定理 1.1.21.** 假設 $P(p,q,\cdots)$ 與 $Q(p,q,\cdots)$ 為二命題，則下面三個條件是等價的：

(i) $P(p,q,\cdots) \to Q(p,q,\cdots)$ 為一恆真言。
(ii) $\neg P(p,q,\cdots) \vee Q(p,q,\cdots)$ 為一恆真言。
(iii) $P(p,q,\cdots) \wedge \neg Q(p,q,\cdots)$ 為一矛盾言。

**證明：** 我們以 $P$、$Q$ 來表示 $P(p,q,\cdots)$ 與 $Q(p,q,\cdots)$。建構它們的真值表如下：

| $P$ | $Q$ | $\neg P$ | $\neg Q$ | $P \to Q$ | $\neg P \vee Q$ | $P \wedge \neg Q$ |
|---|---|---|---|---|---|---|
| T | T | F | F | T | T | F |
| T | F | F | T | F | F | T |
| F | T | T | F | T | T | F |
| F | F | T | T | T | T | F |

因此，當第二列被排除後，就會發現 (i)、(ii) 與 (iii) 是等價的。證明完畢。 □

**定義 1.1.22.** 我們稱命題 $P(p,q,\cdots)$ 邏輯地涵蘊 (logically imply) 命題 $Q(p,q,\cdots)$，如果定理 1.1.21 裡的任意一個條件成立。我們以符號
$$P(p,q,\cdots) \Rightarrow Q(p,q,\cdots)$$
表示這種邏輯地涵蘊關係。

依據定義 1.1.22，邏輯地涵蘊 $P \Rightarrow Q$ 表示 $P \to Q$ 為一恆真言。因此，如果 $P$ 真，則 $Q$ 真。是以在後續的撰寫中，「涵蘊」一詞指的將是「邏輯地涵蘊」。

**定理 1.1.23.** 在命題裡定義成
$$P(p,q,\cdots) \Rightarrow Q(p,q,\cdots)$$
的關係滿足：

(i) (自反律) $P(p,q,\cdots) \Rightarrow P(p,q,\cdots)$。
(ii) (反對稱律，antisymmetry) $P(p,q,\cdots) \Rightarrow Q(p,q,\cdots)$ 且 $Q(p,q,\cdots) \Rightarrow P(p,q,\cdots)$，則
$$P(p,q,\cdots) \equiv Q(p,q,\cdots)。$$
(iii) (遞移律) $P(p,q,\cdots) \Rightarrow Q(p,q,\cdots)$ 且 $Q(p,q,\cdots) \Rightarrow R(p,q,\cdots)$，則
$$P(p,q,\cdots) \Rightarrow R(p,q,\cdots)。$$

**證明：**我們證明 (iii)，其餘由讀者自行驗證。我們可以參考定理 1.1.13 (i) 之真值表的前六行。由於我們假設 $P(p,q,\cdots) \to Q(p,q,\cdots)$ 與 $Q(p,q,\cdots) \to R(p,q,\cdots)$ 都是恆真言，因此，在排除第二、四列後，$P(p,q,\cdots) \to R(p,q,\cdots)$ 也是恆真言。所以，依據定義 1.1.22，$P(p,q,\cdots) \Rightarrow R(p,q,\cdots)$。證明完畢。 □

**定理 1.1.24.** 如果 $P(p,q,\cdots) \Rightarrow Q(p,q,\cdots)$，則對任意命題 $P_1, P_2, \cdots$，我們有

$$P(P_1, P_2, \cdots) \Rightarrow Q(P_1, P_2, \cdots)。$$

**例 1.1.25.** 由定理 1.1.13 (i) 知道命題 $[(P \to Q) \land (Q \to R)] \to (P \to R)$ 為一恆真言。所以，依據定義 1.1.22，$[(P \to Q) \land (Q \to R)] \Rightarrow (P \to R)$。

**定理 1.1.26.** 對於任意命題 $P$ 與 $Q$，下面的命題都是真：

(i) $P \Rightarrow P \lor Q$。　　(i)′ $Q \Rightarrow P \lor Q$。
(ii) $P \land Q \Rightarrow P$。　　(ii)′ $P \land Q \Rightarrow Q$。
(iii) $P \land Q \Rightarrow P \lor Q$。

**證明：** 我們證明 (i)、(ii) 與 (iii)。(i)′ 與 (ii)′ 的證明則為類似。為了證明 (i)，我們直接推導其真值表如下：

| $P$ | $Q$ | $P \lor Q$ | $P \to P \lor Q$ |
|---|---|---|---|
| T | T | T | T |
| T | F | T | T |
| F | T | T | T |
| F | F | F | T |

所以，無論 $P$ 與 $Q$ 的真值為何，命題 $P \Rightarrow P \lor Q$ 都是真。

(ii) 的證明也是類似。其真值表可以推導如下：

## §1.1 命題

| $P$ | $Q$ | $P \wedge Q$ | $P \wedge Q \to P$ |
|---|---|---|---|
| T | T | T | T |
| T | F | F | T |
| F | T | F | T |
| F | F | F | T |

所以，無論 $P$ 與 $Q$ 的真值為何，命題 $P \wedge Q \Rightarrow P$ 都是真。

(iii) 我們推導 $(P \wedge Q) \to (P \vee Q)$ 的真值表如下：

| $P$ | $Q$ | $P \wedge Q$ | $P \vee Q$ | $(P \wedge Q) \to (P \vee Q)$ |
|---|---|---|---|---|
| T | T | T | T | T |
| T | F | F | T | T |
| F | T | F | T | T |
| F | F | F | F | T |

所以，依據定義 1.1.22，$P \wedge Q \Rightarrow P \vee Q$。證明完畢。 □

**定理 1.1.27.** 對於任意命題 $P$、$Q$ 與 $R$，如果 $Q \Rightarrow R$ 是真，則

(i) $P \vee Q \Rightarrow P \vee R$ 是真。
(ii) $P \wedge Q \Rightarrow P \wedge R$ 是真。

**證明**：首先，我們推導命題 $P \vee Q \to P \vee R$ 的真值表，得到

| $P$ | $Q$ | $R$ | $P \vee Q$ | $P \vee R$ | $P \vee Q \to P \vee R$ |
|---|---|---|---|---|---|
| T | T | T | T | T | T |
| T | T | F | T | T | T |
| T | F | T | T | T | T |
| T | F | F | T | T | T |
| F | T | T | T | T | T |
| F | T | F | T | F | F |
| F | F | T | F | T | T |
| F | F | F | F | F | T |

由於我們假設 $Q \Rightarrow R$ 是真，表示 $Q$ 真, $R$ 假的情形不能發生。因此，在上面之真值表裡，第六列就必須排除。所以，得到 (i)。

(ii) 也可以類似地證明。證明完畢。 □

在結束本節之前，依照數學傳統上的用語，我們在此回顧一下所謂的量詞 (quantifiers)。當我們在敘述命題時，量詞的使用是有其絕對的需要。數學上，符號 ∃ 代表「存在」的意思，非普遍性的，叫做特稱量詞 (existential quantifiers)；符號 ∀ 代表「所有」、「每一個」或「任意一個」的意思，是普遍性的，叫做全稱量詞 (universal quantifiers)。

**例 1.1.28.** 下面的命題都包含有一個特稱量詞：

(1) 有一個實數 $x$ 滿足 $x + 3 = 10$。
(2) 存在實數 $x$ 與 $y$ 滿足 $x - y = 8$ 和 $2x + y = 11$。
(3) 有一個複數 $z$ 滿足 $z^2 + 3z + 5 = 0$。

**例 1.1.29.** 下面的命題都包含有一個全稱量詞：

§1.1 命題

(1) 所有實數 $x$ 滿足 $x^2 \geq x$。
(2) 任意偶數都是 3 的倍數。
(3) 對於所有實數 $x$，$x - 2 < x$ 都成立。

**定理 1.1.30.** 假設 $P(x)$ 是一個帶有變數 $x$ 的命題函數 (function)，則

(i) $\neg[(\forall x)P(x)] \equiv (\exists x)\neg P(x)$；
(ii) $\neg[(\exists x)P(x)] \equiv (\forall x)\neg P(x)$。

**證明：**

(i) 如果 $\neg[(\forall x)P(x)]$ 是真，則 $(\forall x)P(x)$ 是假。也就是說，存在一個 $x$ 不滿足 $P(x)$。所以，$(\exists x)\neg P(x)$ 是真。反過來說，如果 $(\exists x)\neg P(x)$ 是真，就表示 $P(x)$ 不是對每一個 $x$ 都是真。所以，$\neg[(\forall x)P(x)]$ 是真。因此，命題 $\neg[(\forall x)P(x)]$ 與 $(\exists x)\neg P(x)$ 有相同的真值。

(ii) 的證明也是類似。證明完畢。 □

底下是與本節內容相關的一些習題。

**習題 1.1.1.** 證明定理 1.1.11 的 (ii)、(iii)、(iv) 與 (vi)。

**習題 1.1.2.** 證明定理 1.1.12。

**習題 1.1.3.** 證明定理 1.1.13 的 (ii)、(iii)、(iv)、(v) 與 (vi)。

**習題 1.1.4.** 證明定理 1.1.23 的 (i) 與 (ii)。

**習題 1.1.5.** 證明 $P \wedge Q \Rightarrow P \leftrightarrow Q$。

**習題 1.1.6.** 假設 $P(p, q, \cdots)$ 為任意命題，則 $p \Rightarrow p \vee P(p, q, \cdots)$。

**習題 1.1.7.** 證明 $P \to \neg Q \equiv Q \to \neg P$。

**習題 1.1.8.** 證明 $(P \wedge Q) \to R \equiv (P \to R) \vee (Q \to R)$。

## §1.2 證明的方法

在上一節裡我們講述了數學命題與其邏輯的推演。現在，我們要把這些形式上的推導運用在實際的問題上，並且把定理的證明完整地寫下來。

大致上來講，在數學上我們想要證明的命題都是以如言命題呈現出來。也就是說，我們要證明命題「若 $P$，則 $Q$」，或「$P$ 涵蘊 $Q$」($P \Rightarrow Q$) 是真。由上一節的討論，這表示我們要證明如言 $P \to Q$ 是一恆真言。由於若 $P$ 假，$P \to Q$ 會自動是一恆真言。所以，我們真正要論證的部分就是：若 $P$ 真，則 $Q$ 真。基於上一節的論述，原則上我們可以經由下面三種方法來達到論證的目的。

**方法一 (直接證明法)**：假設 $P$ 真，經由論證過程，直接得到結論 $Q$。

**方法二 (逆否命題法)**：假設 $\neg Q$ 真，經由論證過程，得到結論 $\neg P$。

**方法三 (矛盾法)**：假設 $P$ 與 $\neg Q$ 真，經由論證過程，得到一矛盾 $R$ 與 $\neg R$。

上述之「逆否命題法」是奠基於定理 1.1.20，主要是因為我們

## §1.2 證明的方法

知道如言命題 $P \to Q$ 與其逆否命題 $\neg Q \to \neg P$ 是等價的。至於這三種方法哪一個比較好、比較合適，是沒有定論的。個人以為數學素養與經驗應該比較會影響一個人的數學思維。底下我們將舉一些例子來呈現定理證明的完整性。

為了寫這些例子的論證，我們先回顧一些數學名詞。我們說一個整數 $n$ 是一個偶數 (even)，如果 $n = 2k$，其中 $k$ 為一整數；$n$ 是一個奇數 (odd)，如果 $n = 2k + 1$，其中 $k$ 為一整數。我們說 $r$ 是一個有理數 (rational)，如果 $r = p/q$，其中 $p$、$q$ 為整數且 $q \neq 0$。如果一個實數不是有理數，我們便稱它為無理數 (irrational)。假設 $m$ 為一整數，$n$ 為一自然數。如果 $m = nk$，$k$ 為一整數，我們便說 $n$ 整除 (divide) $m$，或 $n$ 是 $m$ 的因數 (divisor)，或 $m$ 是 $n$ 的倍數 (multiple)，以符號 $n|m$ 記之。如果 $m$、$n$ 為二個不全為 0 的整數，我們以符號 $\gcd(m, n)$ 或 $(m, n)$ 代表同時整除 $m$ 與 $n$ 的最大正整數，並稱之為 $m$ 與 $n$ 的最大公因數 (greatest common divisor)。我們說二個不為 0 的整數 $m$ 與 $n$ 互質 (relatively prime)，如果 $\gcd(m, n) = 1$。我們稱一個大於 1 的正整數 $p$ 為質數，如果 $p$ 的所有因數正好就是 1 與 $p$。如果一個大於 1 的正整數 $a$ 不是質數，我們便稱 $a$ 為一合成數 (composite number)，亦即，$a = rs$，$r$ 與 $s$ 為正整數且 $2 \leq r, s < a$。另外，我們也可能直接用到一些其他部分的數學，而不會再作解釋。

首先，我們以直接證明法驗證下面的定理。

**定理 1.2.1.** 指數函數 $e^x$ 是一個嚴格遞增的函數，亦即，如果 $x < y$ 為二個實數，則 $e^x < e^y$。

**證明：**因為 $x < y$，所以，$y = x + a$，$a > 0$。因此，得到

$$e^y = e^{x+a} = e^a e^x.$$

又因為 $a > 0$，所以，$e^a > 1$。由此可推得 $e^y > e^x$。證明完畢。 □

　　另外，我們也可以透過逆否命題法來論證一如言命題。底下便是一個簡單的例子。

**定理 1.2.2.** 假設函數 $f(x) = 3x + 8$，$x$ 為一實數。如果 $x \neq y$，則 $f(x) \neq f(y)$。

**證明：**假設 $f(x) = f(y)$。因此，得到

$$3x + 8 = 3y + 8。$$

當然，由此便可推得 $x = y$。是以如果 $x \neq y$，則 $f(x) \neq f(y)$。證明完畢。 □

　　有時候，同一個定理也可以用幾種不同的論證方式來完成證明。下面就是一個例子。

**定理 1.2.3.** 假設 $x$ 與 $y$ 為二個正實數。如果 $x \neq y$，則 $\ln x \neq \ln y$。

**證明：**我們將以三種方法給出不同的證明。

**(I) 直接證明法。**令 $x$ 與 $y$ 為二個正實數且 $x \neq y$。我們可以假設 $0 < x < y$，亦即，$y = x + a$，$a > 0$。因此，

$$\ln y = \ln\left(x(1 + \frac{a}{x})\right) = \ln x + \ln(1 + \frac{a}{x})。$$

因為 $1 + \frac{a}{x} > 1$，所以 $\ln(1 + \frac{a}{x}) > 0$。這說明了 $\ln y > \ln x$，也就是說，$\ln x \neq \ln y$。

## §1.2 證明的方法

**(II) 逆否命題法**。假設 $\ln x = \ln y$。直接由指數函數與對數函數的定義得到
$$x = e^{\ln x} = e^{\ln y} = y。$$
所以，當 $x \neq y$ 時，我們有 $\ln x \neq \ln y$。

**(III) 矛盾法**。假設 $x \neq y$ 與 $\ln x = \ln y$。經由微積分裡的羅爾定理 (Rolle's theorem)，得到一個介於 $x$ 與 $y$ 之間的正實數 $c$ 滿足
$$(\ln x)'|_{x=c} = \frac{1}{c} = 0。$$
這是一個矛盾。所以，如果 $x \neq y$，則 $\ln x \neq \ln y$。證明完畢。 □

羅爾 (Michel Rolle，1652–1719) 為一位法國數學家。

**定理 1.2.4.** 不存在質數 $\alpha$、$\beta$ 與 $\gamma$ 滿足 $\alpha^3 + \beta^3 = \gamma^3$。

**證明：** 我們將以矛盾法來證明本定理。假設存在質數 $\alpha$、$\beta$ 與 $\gamma$ 滿足 $\alpha^3 + \beta^3 = \gamma^3$。如果 $\alpha$ 與 $\beta$ 都是奇數，由於二個奇數相乘還是奇數，便推得 $\gamma^3 = \alpha^3 + \beta^3$ 為一個偶數。所以，$\gamma = 2$。因為 $\alpha$、$\beta$ 都大於 2，這是一個矛盾。所以，$\alpha$ 與 $\beta$ 有一個必須是偶數。假設 $\alpha = 2$，得到
$$\begin{aligned} 8 = \alpha^3 &= \gamma^3 - \beta^3 \\ &= (\gamma - \beta)(\gamma^2 + \gamma\beta + \beta^2) \\ &\geq 4 + 4 + 4 = 12。\end{aligned}$$
很明顯地，這也是一個矛盾。所以，不存在質數 $\alpha$、$\beta$ 與 $\gamma$ 滿足 $\alpha^3 + \beta^3 = \gamma^3$。證明完畢。 □

**定理 1.2.5.** 如果 $\alpha$、$\beta$ 與 $\gamma$ 為奇數，則方程式
$$\alpha x^2 + \beta x + \gamma = 0 \tag{1.2.1}$$
沒有有理數解。

**證明：**我們使用矛盾法來證明本定理。假設 $\alpha$、$\beta$ 與 $\gamma$ 為奇數，有理數 $p/q$ 為 (1.2.1) 的一個解，並且 $p$ 與 $q$ 沒有大於 1 的公因數。因此，

$$\alpha\left(\frac{p}{q}\right)^2 + \beta\left(\frac{p}{q}\right) + \gamma = 0，$$

亦即，

$$\alpha p^2 + \beta pq + \gamma q^2 = 0。$$

如果 $p$ 為偶數，則 $\gamma q^2 = -(\alpha p^2 + \beta pq)$ 也是偶數；由於二個奇數相乘還是奇數，所以推得 $q$ 是偶數；因此，$2|\gcd(p,q)$；這是一個矛盾；所以，$p$ 必須是一個奇數。這個時候，如果 $q$ 是偶數，則 $\alpha p^2 = -(\beta pq + \gamma q^2)$ 也是偶數；我們也類似地推得 $p$ 是偶數，得到一個矛盾；是以 $q$ 也是一個奇數。由此推得 $\alpha p^2$、$\beta pq$ 與 $\gamma q^2$ 都是奇數。因此，$\alpha p^2 + \beta pq + \gamma q^2$ 必須是一個奇數，不能等於 0，否則又是一個矛盾。這說明了方程式 (1.2.1) 是沒有有理數解。證明完畢。 □

另外，在證明定理時，透過逐項之檢驗也可以達到證明的目的。

**定理 1.2.6.** 不存在正整數 $m$ 與 $n$ 滿足 $\frac{8}{19} = \frac{1}{m} + \frac{1}{n}$。

**證明：**因為 $\frac{8}{19} < \frac{1}{2}$，所以，$m > 2$，$n > 2$。又因為 $\frac{1}{5} + \frac{1}{5} = \frac{2}{5} < \frac{8}{19}$，所以，$m$ 與 $n$ 之間必須有一個是正整數 3 或 4。如果 $m = 3$，則不存在任意正整數 $n$ 滿足

$$\frac{8}{19} - \frac{1}{3} = \frac{5}{57} = \frac{1}{n}。$$

如果 $m = 4$，也不存在任意正整數 $n$ 滿足

$$\frac{8}{19} - \frac{1}{4} = \frac{13}{76} = \frac{1}{n}。$$

因此，不存在正整數 $m$ 與 $n$ 滿足 $\frac{8}{19} = \frac{1}{m} + \frac{1}{n}$。證明完畢。 □

底下是與本節內容相關的一些習題。

## §1.2 證明的方法

**習題 1.2.1.** 一個整數 $n$ 是偶數若且唯若 $n^2$ 是偶數。

**習題 1.2.2.** 假設 $m$ 與 $n$ 為二整數。如果 $mn$ 為一奇數，則 $m+n$ 為一偶數。

**習題 1.2.3.** 證明 $\sqrt{2}$ 為一個無理數。

**習題 1.2.4.** 如果 $a$、$b$ 與 $c$ 是實數，則

$$a^2 + b^2 + c^2 \geq ab + bc + ca。$$

**習題 1.2.5.** 假設整數 $a$、$b$ 與 $c$ 滿足 $a^2 + b^2 = c^2$。證明 $a$ 與 $b$ 之間最少有一個是偶數。

**習題 1.2.6.** 如果 $x$ 是正實數，則 $x + \frac{1}{x} \geq 2$。

**習題 1.2.7.** 如果 $n$ 是一個正整數，則 $n$ 是一個質數，或是一個平方數，或 $n$ 整除 $(n-1)!$。(正整數 $n$ 是一個平方數表示 $n = k^2$，其中 $k$ 為一個整數。如果 $m$ 為一個正整數，定義 $m! = m \times (m-1) \times \cdots \times 3 \times 2 \times 1$，唸作 $m$ 階乘。)

**習題 1.2.8.** 假設 $A$、$B$ 為二個分別可以寫成四個非負整數之平方和的正整數，則 $AB$ 也可以寫成四個非負整數之平方和。

## §1.3　參考文獻

1. Fletcher, P. and Patty, C. W., Foundations of Higher Mathematics, Third Edition, Brooks/Cole, Pacific Grove, CA, 1996.

2. Krantz, S. G., The Elements of Advanced Mathematics, Fourth Edition, CRC Press, Boca Raton, FL, 2018.

3. Pinter, C. C., Set Theory, Addison-Wesley, Reading, MA, 1971.

# 第 2 章　集合論

## §2.1　前言

目前大部分的數學家都公認集合論 (set theory) 是現代數學的墊腳石，但是這也要一直等到十九世紀下半葉，由於康托爾對集合 (set) 做了深入的研究，才使得集合論成為數學的主流。

康托爾 (Georg Cantor，1845–1918) 為一位德國的數學家。

一個直接的問題就是：集合是什麼？這是一個有趣的問題。在日常生活裡，通常為了方便、整齊起見，我們會把一些事物作適當的分類，以利後續之儲存、取用。在數學上，也是如此。我們也會把一些相關的元素作分類，以利後續的探討與鑽研。集合的概念也因此而誕生。因此，康托爾便把具有同一個性質的所有物件所形成的聚合或收集 (collection) 稱作一個集合。這是一個比較直觀性的說詞。康托爾便與他早期的追隨者以此為基礎，全力發展集合論，反而沒有注意到集合存在的問題。由於康托爾也大膽地使用無窮的概念，有別於當時一般數學家的思維，集合論自此便有了很多突破性的發展。到了十九世紀的末期，集合論便已被大部分的數學家所接受，也成為數學上一個不可或缺的工具，特別是在分析的領域。

然而就在這個時候，西元 1895 年至 1910 年之間，陸續有人提出了一些有關集合的悖論 (paradoxes)。這些悖論的出現，嚴重打擊了集合論的奠基，數學家也開始質疑集合存在的問題。這些悖論基本上分為二種。一種是邏輯的悖論 (logical paradoxes)，一種是語意的悖論 (semantic paradoxes)。

　　邏輯的悖論以羅素在西元 1902 年所提出的悖論 (Russell's paradox) 為代表。我們敘述如下：令 $S$ 為所有不屬於自己的集合所形成的集合，以符號表示則為

$$S = \{x \mid x \notin x\}。$$

一個很自然的問題便衍生而出：$S$ 是不是自己的一個元素？如果 $S \in S$，則依據 $S$ 的定義便得到 $S \notin S$。如果 $S \notin S$，同樣依據 $S$ 的定義，也可以推得 $S \in S$。這是一個完全矛盾的現象，也徹底質疑了集合存在的問題。

　　羅素 (Bertrand Arthur William Russell，1872–1970) 為一位英國邏輯學家。

　　至於語意的悖論則以貝里所提出的悖論 (Berry's paradox) 為代表。我們也敘述如下：為了討論上的緣故，我們承認英文中所有的字都列在一個標準的字典裡。令 $T$ 為所有可以用少於 20 個英文字來描述的正整數所形成的集合。由於英文字只有有限多個，因此，能以少於 20 個英文字來作組合也只能有有限多個情形。這說明了 $T$ 是一個有限集合 (finite set)。是以有很多個正整數會大於 $T$ 裡面所有之正整數。也因此會存在一個最小的正整數是無法用少於 20 個英文字來描述的 (least natural number which cannot be described in fewer than twenty words of the English language)。這說明了此最小正整數不屬於 $T$。但是，很明顯地，我們只用了 16 個英文字就可以描述此正整數。因此，這個最小的正整數，依據集合 $T$ 的定

## §2.1 前言

義,是在 $T$ 裡面的。當然,這也是一個矛盾。也就是說,如果我們承認集合 $T$ 的存在,這樣的矛盾是難以避免的。

貝里 (G. G. Berry,1867–1928) 為一位英國的圖書館管理員。

因此,在二十世紀的初期,集合論的基礎開始被重新地檢視。主要的核心問題就是集合的存在性。什麼性質,在什麼條件之下,可以合法地定義集合?又如何能由一個已知的集合構造出新的集合?

為了排除這些悖論,公設化集合論便應運而生。在西元 1908 年,策梅洛首先提出了一套集合論的公設化系統,稍後再加上斯科倫與弗蘭克爾所作部分的修訂,成為一套廣為大眾所接受、使用的公設化集合論,沿用至今。目前我們都稱這一個公設化集合論系統為 $ZF$。

策梅洛 (Ernst Zermelo,1871–1953) 為德國的數學家,選擇公設也是由他所提出。斯科倫 (Thoralf Albert Skolem,1887–1963) 為一位挪威數學家。弗蘭克爾 (Abraham Fraenkel,1891–1965) 為一位出生於德國的以色列數學家。

羅素的悖論起因於集合 $S$ 太大,以至於產生矛盾。為了解決這種問題,我們對於集合的形成不能完全不作任何限制。但是,如果在一個給定的集合 $A$ 裡,我們便可以讓 $A$ 裡所有滿足條件 $S(x)$ 的元素 $x$ 形成一個新的集合。因此,策梅洛在他的公設化系統裡,把這個原理敘述成一個公設,稱之為選取公設 (axiom of selection),敘述如下:

假設 $A$ 是一個集合,$S(x)$ 是一個關於 $x$ 的敘述,對於 $A$ 裡每一個元素 $x$ 都有意義,則存在一個由 $A$ 裡所有滿足 $S(x)$ 的元素 $x$ 所形成的集合。以符號來表示之,即為:

$$\{r \in A \mid S(x)\}。$$

是以在策梅洛的公設化系統裡，羅素悖論中的集合 $S$ 便會以下面的形式出現：
$$S = \{x \in A \mid x \notin x\}。$$
如果 $S \in S$，則依據 $S$ 的定義，得到 $S \notin S$。這是一個矛盾。所以，我們的結論就是：$S \notin S$。沒有任何矛盾產生，也因此排除了羅素悖論。

至於語意的悖論這部分，策梅洛則沒有提出令人滿意的答案。幸好在西元 1922 年，斯科倫與弗蘭克爾提出他們的看法，才解決了此部分的問題。這一部分的問題出在於關於 $x$ 的條件 $S(x)$。由於現在我們是在公設化集合論的架構之下，必須完全排除對直觀性的依附。因此，關於 $x$ 的敘述 $S(x)$ 不能有直觀性的認知，我們必須以形式語言 (formal language) 來敘述。也就是說，關於 $x$ 的敘述 $S(x)$ 只是一個形式語言上帶有一個自由變數 (free variable) $x$ 的敘述，亦即，$x$ 不受一個量詞 $\exists x$ 或 $\forall x$ 的支配。

在策梅洛的公設化系統裡，只有一個基本的述詞 (predicate)，以符號 $\in$ 記之。是以形式語言上的一個敘述只能使用述詞 $x \in X$、$v \in W$ 等等，邏輯的連結詞，與量詞來表示。經由這樣的修訂之後，在貝里悖論中的集合 $T$ 就不會存在。

另一套也是廣為大眾所採用的公設化集合論系統則是由馮紐曼創設，後續則再經由哥德爾與伯內斯所發展出來的。

馮紐曼 (John von Neumann，1903–1957) 為一位出生於匈牙利的美國籍猶太人數學家。伯內斯 (Paul Isaac Bernays，1888–1977) 為一位瑞士數學家。哥德爾 (Kurt Friedrich Gödel，1906–1978) 為一位出生於奧匈帝國的美國數學家。

馮紐曼所提出的看法是允許物件的聚合可以任意的大，但是不把這些聚合稱為集合，他把它們稱為類 (class)。因此，在馮紐曼的

公設化集合論裡，策梅洛的選取公設便被底下的類公設 (class axiom) 所取代。

假設 $S(x)$ 為一個關於 $x$ 的敘述，則所有滿足敘述 $S(x)$ 的元素 $x$ 會形成一個類。以符號表示之，即為：

$$\{x \mid x \text{ 為一個元素，且 } x \text{ 滿足 } S(x)\}。$$

現在，我們如果再回去看羅素悖論，則此悖論中的 $S$ 即為

$$S = \{x \mid x \text{ 為一個元素，且 } x \notin x\}。$$

如果 $S \in S$，則由 $S$ 的定義，得到 $S \notin S$。這是一個矛盾。所以，推得 $S \notin S$。也就是說，$S$ 不是一個元素，而是一個類。如此就不會產生任何矛盾，同時也排除了羅素悖論。至於語意的悖論，也是以如上所述的方式加以排除。

馮紐曼的公設化集合論系統比策梅洛的公設化集合論系統更接近直觀性集合論，這是一個極大的優勢。因此，越來越多人傾向於接受並採用馮紐曼的公設化集合論系統。原則上，本書撰寫的模式也是以馮紐曼的公設化集合論系統作為參考的標準。

## §2.2　類與集合

現代的集合論幾乎都是在公設化的基礎上建構出來的。這些公設都是用來保證，在集合論裡，每一次運算作用在集合上所產生的結果也會是一個集合。一般而言，每一個公設化系統都是奠基於某些沒有定義的名詞。就好比在幾何裡，「點」、「線」與「關聯 (incidence) 的關係」通常都被視為沒有定義的名詞。在公設化集合論的

系統裡，我們選擇的就是「類」與「元素屬於之關係 $\in$」來作為二個沒有定義的名詞。在集合論裡，我們考慮的事物就是類。如果 $x$ 與 $A$ 都是類，符號 $x \in A$ 則表示 $x$ 是 $A$ 的一個元素 (element)；$x \notin A$ 則表示 $x$ 不是 $A$ 的一個元素。假設 $x$ 是一個類，如果存在一個類 $A$ 使得 $x \in A$，我們便說 $x$ 是一個元素。

一般而言，基於直觀上的簡易性與廣義性，原則上我們是希望可以把任意事物聚合在一起形成一個類。但是羅素悖論說明了我們是無法任意把所有滿足某種給定性質的類聚合在一起形成一個新的類。但是，從另一個角度來思考，在數學上我們又時常需要做這樣的動作或運算。這就說明了我們的確必須考慮一個比類更為狹窄的概念，就是集合的引進。我們不能把數學上的類都看成集合。在集合論裡，我們必須要能夠做到把所有滿足某種給定性質的集合聚合在一起形成一個新的類。也就是說，在數學上區分集合與類是有其絕對的必要。所幸現在我們在數學上所遇到的類都是以集合的形式出現。因此，給集合一個明確的定義也是合理的。目前一個被大部分數學家所接受關於集合的定義，就是如下所述。

**定義 2.2.1.** 一個集合就是一個類，它是屬於某一個類的一個元素。

很明顯地，這個定義也是由我們直覺性的認知來支撐的。因為如果 $A$、$B$、$C$、$\cdots$ 都是集合，很合理地，我們應該可以形成類 $\{A, B, C, \cdots\}$，它的元素就是 $A$、$B$、$C$、$\cdots$。也就是說，我們相當明確可以期待每一個集合是一個元素。反過來說，也是相當合理的。如果 $A$ 不是一個集合，那麼 $A$ 就是一個真類 (proper class)，它不應該是任何類的一個元素。是以，如果 $A$ 不是一個集合，那麼 $A$ 就不是一個元素。依據定義 2.2.1，元素就是一個集合，集合也是一個元素、一個類。

## §2.2 類與集合

**定義 2.2.2.** 假設 $A$ 與 $B$ 為二個類。我們定義 $A = B$，如果 $A$ 的每一個元素都是 $B$ 的元素，$B$ 的每一個元素都是 $A$ 的元素。以符號表示之，即為：

$$A = B \quad \text{若且唯若} \quad x \in A \Rightarrow x \in B \text{ 且 } x \in B \Rightarrow x \in A \text{。}$$

在定義二個類相等之後，我們敘述第一個關於類的延伸公設 (axiom of extent)。

**A1. (延伸公設)** 假設 $A$ 為一個類。如果 $x = y$ 且 $x \in A$，則 $y \in A$。

**定義 2.2.3.** 假設 $A$ 與 $B$ 為二個類。我們定義 $A \subseteq B$，如果 $A$ 的每一個元素都是 $B$ 的元素，並稱 $A$ 為 $B$ 的一個子類 (subclass)。以符號表示之，即為：

$$A \subseteq B \quad \text{若且唯若} \quad x \in A \Rightarrow x \in B \text{。}$$

如果 $A \subsetneq B$，亦即，$A \subseteq B$ 且 $A \neq B$，則我們稱 $A$ 為 $B$ 的一個嚴格子類 (strict subclass)。

底下是一些關於類的簡單性質。

**定理 2.2.4.** 假設 $A$、$B$ 與 $C$ 為三個類，則我們有：

(i) $A = A$。
(ii) $A = B$，則 $B = A$。
(iii) $A = B$ 且 $B = C$，則 $A = C$。
(iv) $A \subseteq B$ 且 $B \subseteq A$，則 $A = B$。
(v) $A \subseteq B$ 且 $B \subseteq C$，則 $A \subseteq C$。

另外，在形成新的類時，直覺上的一種方式就是敘述一個物件所要滿足的性質，然後再把所有滿足此性質的物件聚合在一起形成一個新的類。這就是我們要敘述的第二個關於類的構造公設 (axiom of class construction)。

**A2. (構造公設)** 假設 $P(x)$ 為一個關於 $x$ 的敘述，則所有滿足敘述 $P(x)$ 的元素 $x$ 會形成一個類 $C$。以符號表示之，即為

$$C = \{x \mid x \text{ 為一個元素，且 } x \text{ 滿足 } P(x)\}。$$

有時候我們會把類 $C$ 簡寫成 $C = \{x \mid P(x)\}$。由公設 **A2**，我們便可以得到一個由所有滿足 $x \neq x$ 的元素 $x$ 所形成的類，稱之為空類 (empty class) $\emptyset = \{x \mid x \neq x\}$。空類裡面是沒有任何元素的。另外，我們也可以定義一個由所有元素 $x$ 所形成的宇類 (universal class) $\mathcal{U} = \{x \mid x = x\}$。

**定理 2.2.5.** 假設 $A$ 是一個類，則

(i) $\emptyset \subseteq A$；
(ii) $A \subseteq \mathcal{U}$。

**證明：** 我們證明 (i) 的逆否命題：如果 $x \notin A$，則 $x \notin \emptyset$。但這是明顯的，因為 $\emptyset$ 沒有任何元素。(ii) 如果 $x \in A$，則 $x$ 是一個元素。所以，$x \in \mathcal{U}$。證明完畢。 □

**定義 2.2.6.** 假設 $A$ 與 $B$ 為二個類。定義 $A$ 與 $B$ 的聯集 (union) 為所有屬於 $A$ 或 $B$ 之元素所形成的類 $A \cup B$，亦即，

$$A \cup B = \{x \mid x \in A \text{ 或 } x \in B\}。$$

**定義 2.2.7.** 假設 $A$ 與 $B$ 為二個類。定義 $A$ 與 $B$ 的交集 (intersection) 為所有同時屬於 $A$ 與 $B$ 之元素所形成的類 $A \cap B$，亦即，

$$A \cap B = \{x \mid x \in A \text{ 且 } x \in B\}。$$

**定義 2.2.8.** 如果二個類沒有共同的元素，我們便說它們是分離的 (disjoint)，亦即，二個類 $A$ 與 $B$ 是分離的若且唯若 $A \cap B = \emptyset$。

**定義 2.2.9.** 假設 $A$ 為一個類。定義 $A$ 的補集 (complement) 為所有不屬於 $A$ 之元素所形成的類 $A^c$，亦即，

$$A^c = \{x \mid x \notin A\}。$$

關於類的聯集、交集或補集，有時候我們可以透過維恩圖 (Venn diagram) 來瞭解。比如說，以平面上的長方形代表宇類，圓代表一個類，則陰影的部分即為聯集、交集或補集，如圖 2.2.1 所示。

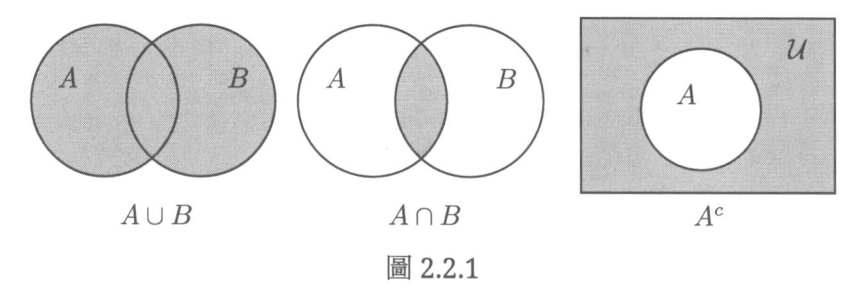

$A \cup B$　　　　$A \cap B$　　　　$A^c$

圖 2.2.1

維恩 (John Venn，1834–1923) 為一位英國邏輯學家。

有了聯集、交集與補集的定義，我們便可以對類做一些運算。因為集合就是類，所以，這些運算對集合也都是成立的。

**定理 2.2.10** 假設 $A$、$B$ 為二個類，則

(i) $A \subseteq A \cup B$ 且 $B \subseteq A \cup B$。
(ii) $A \cap B \subseteq A$ 且 $A \cap B \subseteq B$。
(iii) $A \subseteq B$ 若且唯若 $A \cup B = B$。
(iv) $A \subseteq B$ 若且唯若 $A \cap B = A$。
(v) (吸收律，absorption law) $A \cup (A \cap B) = A$，$A \cap (A \cup B) = A$。
(vi) $A = (A^c)^c$。

**證明**：我們只證明 (iii) 與 (vi)，其餘的證明放在習題裡。

(iii) 的證明：

假設 $A \subseteq B$。因此，如果 $x \in A$，則 $x \in B$。所以，推得
$$x \in A \cup B \Rightarrow x \in A \text{ 或 } x \in B$$
$$\Rightarrow x \in B \text{ 或 } x \in B$$
$$\Rightarrow x \in B，$$
亦即，$A \cup B \subseteq B$。另外，由 (i) 知道 $B \subseteq A \cup B$，因此，得到 $A \cup B = B$。反過來說，假設 $A \cup B = B$。因此，由 (i) 知道 $A \subseteq A \cup B = B$。

(vi) 的證明：
$$x \in A \Rightarrow x \notin A^c \Rightarrow x \in (A^c)^c；$$
$$x \in (A^c)^c \Rightarrow x \notin A^c \Rightarrow x \in A。$$
證明完畢。 □

底下則是德摩根法則。

**定理 2.2.11. (德摩根法則)** 假設 $A$、$B$ 為二個類，則

(i) $(A \cup B)^c = A^c \cap B^c$。

## §2.2 類與集合

(ii) $(A \cap B)^c = A^c \cup B^c$。

**證明：** 假設 $x \in (A \cup B)^c$，則

$$x \notin A \cup B \Rightarrow x \notin A \text{ 且 } x \notin B$$
$$\Rightarrow x \in A^c \text{ 且 } x \in B^c$$
$$\Rightarrow x \in A^c \cap B^c。$$

反過來說，如果 $x \in A^c \cap B^c$，則

$$x \in A^c \text{ 且 } x \in B^c \Rightarrow x \notin A \text{ 且 } x \notin B$$
$$\Rightarrow x \notin A \cup B$$
$$\Rightarrow x \in (A \cup B)^c。$$

所以，得到 $(A \cup B)^c = A^c \cap B^c$。

(ii) 的證明放在習題，由讀者自行證明。證明完畢。 □

**定理 2.2.12.** 假設 $A$、$B$ 與 $C$ 為三個類，則

(i) (交換律，commutative laws) $A \cup B = B \cup A$，$A \cap B = B \cap A$。
(ii) (冪等律，idempotent laws) $A \cup A = A$，$A \cap A = A$。
(iii) (結合律，associative laws) $A \cup (B \cup C) = (A \cup B) \cup C$，$A \cap (B \cap C) = (A \cap B) \cap C$。
(iv) (分配律，distributive laws) $A \cup (B \cap C) = (A \cup B) \cap (A \cup C)$，$A \cap (B \cup C) = (A \cap B) \cup (A \cap C)$。

**證明：** 我們證明交集的結合律與聯集對交集的分配律，其餘放在習題裡由讀者自行驗證。

交集的結合律證明：

$$\begin{aligned}x \in A \cap (B \cap C) &\Rightarrow x \in A \text{ 且 } x \in B \cap C \\ &\Rightarrow x \in A \text{ 且 } (x \in B \text{ 且 } x \in C) \\ &\Rightarrow (x \in A \text{ 且 } x \in B) \text{ 且 } x \in C \\ &\Rightarrow x \in A \cap B \text{ 且 } x \in C \\ &\Rightarrow x \in (A \cap B) \cap C \circ\end{aligned}$$

反之亦然。

聯集對交集的分配律證明：

$$\begin{aligned}x \in A \cup (B \cap C) &\Rightarrow x \in A \text{ 或 } x \in B \cap C \\ &\Rightarrow x \in A \text{ 或 } (x \in B \text{ 且 } x \in C) \\ &\Rightarrow (x \in A \text{ 或 } x \in B) \text{ 且 } (x \in A \text{ 或 } x \in C) \\ &\Rightarrow (x \in A \cup B) \text{ 且 } (x \in A \cup C) \\ &\Rightarrow x \in (A \cup B) \cap (A \cup C) \circ\end{aligned}$$

反之亦然。證明完畢。 □

**定義 2.2.13.** 假設 $A$ 與 $B$ 為二個類。定義它們的差 (difference) $A - B = A \cap B^c$，亦即，$A - B = \{x \mid x \in A \text{ 且 } x \notin B\}$；對稱差 (symmetric difference) $A \triangle B = (A - B) \cup (B - A)$。

有時候我們也稱 $A - B$ 為 $B$ 相對於 $A$ 的補集。二個類 $A$ 與 $B$ 的差與對稱差可以維恩圖表示，如圖 2.2.2 中陰影的部分。

§2.2 類與集合

$A - B = A \cap B^c$

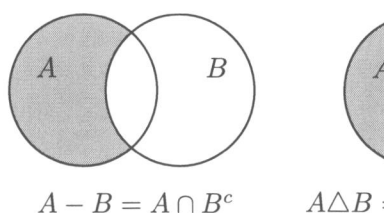

$A \triangle B = (A - B) \cup (B - A)$

圖 2.2.2

**定理 2.2.14.** 假設 $A$、$B$ 與 $C$ 為三個類，則

(i) $A \triangle B = B \triangle A$。
(ii) $A \triangle (B \triangle C) = (A \triangle B) \triangle C$。

**證明：** (i) 是明顯的。利用上述一些類的運算性質，我們證明 (ii) 如下：

$A \triangle (B \triangle C)$
$= (A \cap (B \triangle C)^c) \cup ((B \triangle C) \cap A^c)$
$= (A \cap ((B \cap C^c) \cup (C \cap B^c))^c) \cup (((B \cap C^c) \cup (C \cap B^c)) \cap A^c)$
$= (A \cap ((B^c \cup C) \cap (C^c \cup B))) \cup (B \cap C^c \cap A^c) \cup (C \cap B^c \cap A^c)$
$= (A \cap (((B^c \cup C) \cap C^c) \cup ((B^c \cup C) \cap B))) \cup (B \cap C^c \cap A^c)$
  $\cup (C \cap B^c \cap A^c)$
$= (A \cap ((B^c \cap C^c) \cup (C \cap B))) \cup (B \cap C^c \cap A^c) \cup (C \cap B^c \cap A^c)$
$= (A \cap B^c \cap C^c) \cup (A \cap C \cap B) \cup (B \cap C^c \cap A^c) \cup (C \cap B^c \cap A^c)$
$= (A \cap B^c \cap C^c) \cup (B \cap A^c \cap C^c) \cup (C \cap A^c \cap B^c) \cup (C \cap B \cap A)$
$= (((A \cap B^c) \cup (B \cap A^c)) \cap C^c) \cup (C \cap ((A^c \cap B^c) \cup (B \cap A)))$
$= ((A \triangle B) \cap C^c) \cup (C \cap ((A^c \cap (B^c \cup A)) \cup (B \cap (B^c \cup A))))$
$= ((A \triangle B) \cap C^c) \cup (C \cap (A^c \cup B) \cap (B^c \cup A))$

$$= ((A\triangle B) \cap C^c) \cup (C \cap ((A \cap B^c) \cup (B \cap A^c))^c)$$
$$= ((A\triangle B) \cap C^c) \cup (C \cap (A\triangle B)^c)$$
$$= (A\triangle B)\triangle C。$$

證明完畢。 □

底下是與本節內容相關的一些習題。

**習題 2.2.1.** 證明定理 2.2.4。

**習題 2.2.2.** 證明定理 2.2.10 中的 (i)、(ii)、(iv) 與 (v)。

**習題 2.2.3.** 證明定理 2.2.11 中的 (ii)。

**習題 2.2.4.** 證明定理 2.2.12 中的 (i)、(ii)、聯集的結合律與交集對聯集的分配律。

**習題 2.2.5.** 假設 $A$ 為一個類。證明 (a) $A \cup \emptyset = A$；(b) $A \cap \emptyset = \emptyset$；(c) $A \cup \mathcal{U} = \mathcal{U}$；(d) $A \cap \mathcal{U} = A$；(e) $\mathcal{U}^c = \emptyset$；(f) $\emptyset^c = \mathcal{U}$；(g) $A \cup A^c = \mathcal{U}$；(h) $A \cap A^c = \emptyset$。

**習題 2.2.6.** 假設 $A$、$B$ 與 $C$ 為三個類，證明 $A \cap (B\triangle C) = (A \cap B)\triangle(A \cap C)$。

**習題 2.2.7.** 假設 $A$、$B$ 與 $C$ 為三個類，證明 $A \cup C = B \cup C$ 若且唯若 $A\triangle B \subseteq C$。

**習題 2.2.8.** 假設 $A$、$B$ 與 $C$ 為三個類，證明 $(A \cup C)\triangle(B \cup C) = (A\triangle B) - C$。

## §2.3　類的乘積

在上一節裡，我們討論了類與類之間的代數運算。現在，我們則要定義類的乘積。首先，如果 $a$ 是一個元素，透過類的構造公設 **A2**，我們可以構造一個類

$$\{a\} = \{x \mid x = a\}。$$

這是只有一個元素 $a$ 的類。通常我們把這種只有一個元素的類稱為單一元素類 (singleton)。

同樣地，如果 $a$、$b$ 是二個元素，一個有二個元素的類便可以構造如下：

$$\{a,b\} = \{x \mid x = a \text{ 或 } x = b\}。$$

這種正好有二個元素的類稱為二元素類 (doubleton)。依此類推，如果已知有 $n$ 個元素，我們也可以構造一個有 $n$ 個元素的類。然而，在數學上我們常常會需要二元素的類也是一個元素。為了達成此目的，一個新的公設，稱之為配對公設 (axiom of pairing)，便自然形成。

**A3. (配對公設)** 如果 $a$、$b$ 為二個元素，則 $\{a,b\}$ 為一個元素。

由於 $\{a,a\} = \{a\}$，所以，經由配對公設 **A3**，單一元素類也是一個元素。

**定理 2.3.1.** 如果 $\{a,b\} = \{c,d\}$，則 $a = c$、$b = d$ 或 $a = d$、$b = c$。

此定理的證明放在習題裡，由讀者自行驗證。

現在假設給定二個元素 $a$、$b$。如果我們想要討論 $a$、$b$ 之間的關係，通常我們會把它們放在一起形成一個新的元素 $[a,b]$，用來表示

它們之間有關係。由於 $\{a,b\} = \{b,a\}$，是以當我們要特別強調 $a$ 和 $b$ 有關係，還是 $b$ 和 $a$ 有關係，這樣的作法顯然是不夠的。因此，有必要引進序對 (ordered pair) 的概念。也就是說，在 $a$、$b$ 之間我們也要給出一個順序，是以我們對序對作如下的定義。

**定義 2.3.2.** 假設 $a$、$b$ 為二個元素，定義它們的序對 $(a,b)$ 如下：

$$(a,b) = \{\{a\},\{a,b\}\}。$$

依據配對公設 **A3**，序對 $(a,b)$ 也是一個元素。值得注意的是，一般而言，$(a,b)$ 與 $(b,a)$ 是不相等的。因此，序對的定義同時也引入了順序的概念。

**定理 2.3.3.** 如果 $(a,b) = (c,d)$，則 $a = c$ 且 $b = d$。

**證明：** 依據序對的定義，$(a,b) = (c,d)$ 若且唯若

$$\{\{a\},\{a,b\}\} = \{\{c\},\{c,d\}\}。$$

因此，由定理 2.3.1，我們分二種情形來討論。

- (I) $\{a\} = \{c\}$ 且 $\{a,b\} = \{c,d\}$。首先，由 $\{a\} = \{c\}$ 得到 $a = c$。再由 $\{a,b\} = \{c,d\}$ 得到 $a = c$、$b = d$ 或 $a = d$、$b = c$。如果 $a = c$、$b = d$，則證明完畢；如果 $a = d$、$b = c$，則 $b = c = a = d$，也證明完畢。
- (II) $\{a\} = \{c,d\}$ 且 $\{c\} = \{a,b\}$。因此，得到 $c \in \{c,d\} = \{a\}$。所以，$c = a$。同理也可以得到 $d = a$、$b = c$。也就是說，$a = b = c = d$。證明完畢。 □

因此，當 $a \neq b$ 時，$(a,b) \neq (b,a)$。一旦有了序對的的概念之後，我們便可以定義類的乘積。

## §2.3 類的乘積

**定義 2.3.4.** 假設 $A$ 與 $B$ 為二個類。定義 $A$ 與 $B$ 的乘積類 $A \times B$ (Cartesian product of classes) 為所有序對 $(x,y)$，其中 $x \in A$ 且 $y \in B$，所形成的類，亦即，

$$A \times B = \{(x,y) \mid x \in A \text{ 且 } y \in B\}。$$

關於類的乘積，下面是一些簡單的性質。

**定理 2.3.5.** 假設 $A$、$B$ 與 $C$ 為三個類，則

(i) $A \times (B \cap C) = (A \times B) \cap (A \times C)$。
(ii) $A \times (B \cup C) = (A \times B) \cup (A \times C)$。
(iii) $(A \times B) \cap (C \times D) = (A \cap C) \times (B \cap D)$。

**證明：** (ii) 的證明與 (i) 的證明類似，所以，我們將只證明 (i) 與 (iii)。

(i) 的證明：

$$\begin{aligned}
(x,y) \in A \times (B \cap C) &\Leftrightarrow x \in A \text{ 且 } y \in B \cap C \\
&\Leftrightarrow x \in A \text{ 且 } y \in B \text{ 且 } y \in C \\
&\Leftrightarrow (x,y) \in A \times B \text{ 且 } (x,y) \in A \times C \\
&\Leftrightarrow (x,y) \in (A \times B) \cap (A \times C)。
\end{aligned}$$

(iii) 的證明：

$$\begin{aligned}
(x,y) \in (A \times B) \cap (C \times D) &\Leftrightarrow (x,y) \in A \times B \text{ 且 } (x,y) \in C \times D \\
&\Leftrightarrow x \in A \text{ 且 } y \in B \text{ 且 } x \in C \text{ 且 } y \in D \\
&\Leftrightarrow x \in A \cap C \text{ 且 } y \in B \cap D \\
&\Leftrightarrow (x,y) \in (A \cap C) \times (B \cap D)。
\end{aligned}$$

證明完畢。 □

接著，我們定義所謂的圖 (graph)。

**定義 2.3.6.** 我們稱任意一個序對子類 $G \subseteq \mathcal{U} \times \mathcal{U}$ 為一個圖。

在第四章裡，我們會利用圖的概念來定義函數。

**定義 2.3.7.** 假設 $G$ 為一個圖，則定義圖 $G^{-1}$ 如下：

$$G^{-1} = \{(x,y) \mid (y,x) \in G\}。$$

**定義 2.3.8.** 假設 $G$、$H$ 為二個圖，則定義合成圖 (composite graph) $G \circ H$ 如下：

$$G \circ H = \{(x,y) \mid 存在元素 z 使得 (x,z) \in H 且 (z,y) \in G\}。$$

關於圖的一些基本性質我們敘述如下。

**定理 2.3.9.** 假設 $G$、$H$ 與 $J$ 為三個圖，則

(i) $(G^{-1})^{-1} = G$。
(ii) $(G \circ H)^{-1} = H^{-1} \circ G^{-1}$。
(iii) $(G \circ H) \circ J = G \circ (H \circ J)$。

**證明：** (i) 的證明是明顯的。

## §2.3 類的乘積

(ii) 的證明:

$(x,y) \in (G \circ H)^{-1} \Leftrightarrow (y,x) \in G \circ H$

$\Leftrightarrow$ 存在元素 $z$ 使得 $(y,z) \in H$ 且 $(z,x) \in G$

$\Leftrightarrow$ 存在元素 $z$ 使得 $(x,z) \in G^{-1}$ 且 $(z,y) \in H^{-1}$

$\Leftrightarrow (x,y) \in H^{-1} \circ G^{-1}$。

(iii) 的證明:

$(x,y) \in (G \circ H) \circ J$

$\Leftrightarrow$ 存在元素 $z$ 使得 $(x,z) \in J$ 且 $(z,y) \in G \circ H$

$\Leftrightarrow$ 存在元素 $z$、$w$ 使得 $(x,z) \in J$ 且 $(z,w) \in H$ 且 $(w,y) \in G$

$\Leftrightarrow$ 存在元素 $w$ 使得 $(x,w) \in H \circ J$ 且 $(w,y) \in G$

$\Leftrightarrow (x,y) \in G \circ (H \circ J)$。

證明完畢。 $\square$

**定義 2.3.10.** 假設 $G$ 是一個圖。$G$ 的定義域 (domain) dom $G$ 指的就是一個類定義如下:

$$\text{dom } G = \{x \mid \text{存在元素 } y \text{ 使得 } (x,y) \in G\}。$$

我們也定義 $G$ 的值域 (range) ran $G$ 為一個類如下:

$$\text{ran } G = \{y \mid \text{存在元素 } x \text{ 使得 } (x,y) \in G\}。$$

換句話說,圖 $G$ 的定義域就是所有 $G$ 的元素的第一個分量元素 (component element) 所形成的類,圖 $G$ 的值域就是所有 $G$ 的元素的第二個分量元素所形成的類。

**定理 2.3.11.** 假設 $G$、$H$ 為二個圖，則

(i) $\text{dom } G = \text{ran } G^{-1}$；$\text{ran } G = \text{dom } G^{-1}$。

(ii) $\text{dom } (G \circ H) \subseteq \text{dom } H$；$\text{ran } (G \circ H) \subseteq \text{ran } G$。特別地，如果 $\text{ran } H \subseteq \text{dom } G$，則 $\text{dom } (G \circ H) = \text{dom } H$。

本定理的證明放在習題裡，由讀者自行驗證。

底下是與本節內容相關的一些習題。

**習題 2.3.1.** 證明定理 2.3.1。

**習題 2.3.2.** 假設 $A$、$B$ 與 $C$ 為三個類，證明 $A \times (B - C) = (A \times B) - (A \times C)$。

**習題 2.3.3.** 假設 $A$、$B$ 與 $C$ 為三個類，證明 $(A \times B) \cap (C \times D) = (A \times D) \cap (C \times B)$。

**習題 2.3.4.** 證明定理 2.3.11。

**習題 2.3.5.** 假設 $G$、$H$ 與 $J$ 為三個圖，證明下列各敘述：

(a) $(G \circ H) - (G \circ J) \subseteq G \circ (H - J)$。
(b) $(G - H)^{-1} = G^{-1} - H^{-1}$。
(c) $(G \cap H)^{-1} = G^{-1} \cap H^{-1}$。
(d) $(G \cup H)^{-1} = G^{-1} \cup H^{-1}$。

§2.3 類的乘積

**習題 2.3.6.** 假設 $G$、$H$ 為二個圖,證明下列各敘述:

(a) $\operatorname{dom}(G \cup H) = (\operatorname{dom} G) \cup (\operatorname{dom} H)$。
(b) $\operatorname{ran}(G \cup H) = (\operatorname{ran} G) \cup (\operatorname{ran} H)$。
(c) $\operatorname{dom} G - \operatorname{dom} H \subseteq \operatorname{dom}(G - H)$。
(d) $\operatorname{ran} G - \operatorname{ran} H \subseteq \operatorname{ran}(G - H)$。

**習題 2.3.7.** 假設 $G$ 為一個圖,$B$ 是 $\operatorname{dom} G$ 的一個子類。定義 $G|_B$ 為 $G$ 限制到 $B$ 的子類如下:

$$G|_B = \{(x,y) \mid (x,y) \in G \text{ 且 } x \in B\}。$$

證明下列各敘述:

(a) $G|_B = G \cap (B \times \operatorname{ran} G)$。
(b) $G|_{B \cup C} = G|_B \cup G|_C$。
(c) $G|_{B \cap C} = G|_B \cap G|_C$。
(d) $(H \circ G)|_B = H \circ (G|_B)$,其中 $H$ 為一個圖。

**習題 2.3.8.** 假設 $G$ 為一個圖,$B$ 是 $\operatorname{dom} G$ 的一個子類。定義類 $G(B)$ 如下:

$$G(B) = \{y \mid \text{存在 } x \in B \text{ 使得 } (x,y) \in G\}。$$

如果 $B$ 與 $C$ 是 $\operatorname{dom} G$ 的二個子類,證明下列各敘述:

(a) $G(B) = \operatorname{ran} G|_B$。
(b) $G(B \cup C) = G(B) \cup G(C)$。
(c) $G(B \cap C) = G(B) \cap G(C)$。
(d) 如果 $B \subseteq C$,則 $G(B) \subseteq G(C)$。

## §2.4　廣義聯集與交集

在本章第二節裡，我們定義了二個類的交集與聯集。在這裡我們將把交集與聯集的概念作更一般的推廣。首先，定義類的指標族 (indexed family of classes)。一個類的指標族指的就是一個類它裡面的元素是藉由另一個類來標示的，也就是說，如果 $I$ 是一個類，且 $I$ 的每一個元素 $i$ 都對應到一個類 $A_i$，那麼由這些類 $A_i$ 所形成的類就是一個類的指標族，通常以符號

$$\{A_i\}_{i \in I}$$

表示之。我們稱 $I$ 為此指標族的指標類 (index class)，$I$ 裡面的元素為指標 (indices)。一般而言，符號 $\{A_i\}_{i \in I}$ 與 $\{A_i \mid i \in I\} = \{x \mid x = A_i$ 某一個 $i \in I\}$ 是可以相互使用的。

關於類的指標族，以上是用比較直觀性的說詞來定義的。當然，我們也可以經由圖給予類的指標族一個嚴謹的數學定義。有興趣的讀者可以參閱文獻 [2]。

**定義 2.4.1.** 假設 $\{A_i\}_{i \in I}$ 是一個類的指標族。定義類 $A_i$ 的聯集 $\bigcup_{i \in I} A_i$ 為所有屬於至少一個 $A_i$ 的元素所形成的類，亦即，

$$\bigcup_{i \in I} A_i = \{x \mid 存在一個 i \in I 使得 x \in A_i\}。$$

定義類 $A_i$ 的交集 $\bigcap_{i \in I} A_i$ 為所有屬於每一個 $A_i$ 的元素所形成的類，亦即，

$$\bigcap_{i \in I} A_i = \{x \mid x \in A_i 對於每一個 i \in I 都成立\}。$$

接著，我們敘述一些有關於類的廣義聯集與交集的基本性質。

## §2.4 廣義聯集與交集

**定理 2.4.2.** 假設 $\{A_i\}_{i \in I}$ 是一個類的指標族：

(i) 如果 $A_i \subseteq B$，對於每一個 $i \in I$ 都成立，則 $\bigcup_{i \in I} A_i \subseteq B$。
(ii) 如果 $B \subseteq A_i$，對於每一個 $i \in I$ 都成立，則 $B \subseteq \bigcap_{i \in I} A_i$。

**證明：**

(i) 如果 $x \in \bigcup_{i \in I} A_i$，則 $x \in A_i$，某一個 $i \in I$。接著依據假設，得到 $x \in B$。所以，$\bigcup_{i \in I} A_i \subseteq B$。
(ii) 如果 $x \in B$，依據假設，得到 $x \in A_i$，對於每一個 $i \in I$ 都成立。因此，$x \in \bigcap_{i \in I} A_i$。所以，$B \subseteq \bigcap_{i \in I} A_i$。

證明完畢。 □

下一個定理是廣義的德摩根法則 (generalized De Morgan's laws)。

**定理 2.4.3. (廣義德摩根法則)** 假設 $\{A_i\}_{i \in I}$ 是一個類的指標族，則

(i) $(\bigcup_{i \in I} A_i)^c = \bigcap_{i \in I} A_i^c$。
(ii) $(\bigcap_{i \in I} A_i)^c = \bigcup_{i \in I} A_i^c$。

**證明：** (i) 如果 $x \in (\bigcup_{i \in I} A_i)^c$，則 $x \notin \bigcup_{i \in I} A_i$。因此，推得 $x \notin A_i$，亦即，$x \in A_i^c$，對於每一個 $i \in I$ 都成立。所以，$x \in \bigcap_{i \in I} A_i^c$，亦即，$(\bigcup_{i \in I} A_i)^c \subseteq \bigcap_{i \in I} A_i^c$。接著，逆推回去便可得 $\bigcap_{i \in I} A_i^c \subseteq (\bigcup_{i \in I} A_i)^c$。

同理也可證得 (ii)。證明完畢。 □

**定理 2.4.4.** (廣義分配律，generalized distributive laws) 假設 $\{A_i\}_{i \in I}$ 與 $\{B_j\}_{j \in J}$ 為二個類的指標族，則

(i) $(\bigcup_{i \in I} A_i) \cap (\bigcup_{j \in J} B_j) = \bigcup_{(i,j) \in I \times J} (A_i \cap B_j)$。
(ii) $(\bigcap_{i \in I} A_i) \cup (\bigcap_{j \in J} B_j) = \bigcap_{(i,j) \in I \times J} (A_i \cup B_j)$。

**證明：** (i) 的證明：

$$x \in (\bigcup_{i \in I} A_i) \cap (\bigcup_{j \in J} B_j) \Leftrightarrow x \in \bigcup_{i \in I} A_i \text{ 且 } x \in \bigcup_{j \in J} B_j$$
$$\Leftrightarrow x \in A_i \text{ 某一個 } i \in I \text{ 且 } x \in B_j \text{ 某一個 } j \in J$$
$$\Leftrightarrow x \in A_i \cap B_j \text{ 某一個 } (i,j) \in I \times J$$
$$\Leftrightarrow x \in \bigcup_{(i,j) \in I \times J} (A_i \cap B_j)。$$

(ii) 的證明：

$$x \in (\bigcap_{i \in I} A_i) \cup (\bigcap_{j \in J} B_j) \Leftrightarrow x \in \bigcap_{i \in I} A_i \text{ 或 } x \in \bigcap_{j \in J} B_j$$
$$\Leftrightarrow x \in A_i \text{ 每一個 } i \in I \text{ 或 } x \in B_j \text{ 每一個 } j \in J$$
$$\Leftrightarrow x \in A_i \cup B_j \text{ 每一個 } (i,j) \in I \times J$$
$$\Leftrightarrow x \in \bigcap_{(i,j) \in I \times J} (A_i \cup B_j)。$$

證明完畢。 □

**定理 2.4.5.** 假設 $\{G_i\}_{i \in I}$ 為一個圖族，則

(i) $\text{dom}(\bigcup_{i \in I} G_i) = \bigcup_{i \in I} (\text{dom } G_i)$。
(ii) $\text{ran}(\bigcup_{i \in I} G_i) = \bigcup_{i \in I} (\text{ran } G_i)$。

**證明：** (i) 的證明：

$$x \in \text{dom}\,(\bigcup_{i\in I} G_i) \Leftrightarrow \text{存在元素 } y \text{ 使得 } (x,y) \in \bigcup_{i\in I} G_i$$
$$\Leftrightarrow \text{存在元素 } y \text{ 使得 } (x,y) \in G_i \text{ 某一個 } i \in I$$
$$\Leftrightarrow x \in \text{dom}\,G_i \text{ 某一個 } i \in I$$
$$\Leftrightarrow x \in \bigcup_{i\in I}(\text{dom}\,G_i)\,\text{。}$$

(ii) 的證明：

$$y \in \text{ran}\,(\bigcup_{i\in I} G_i) \Leftrightarrow \text{存在元素 } x \text{ 使得 } (x,y) \in \bigcup_{i\in I} G_i$$
$$\Leftrightarrow \text{存在元素 } x \text{ 使得 } (x,y) \in G_i \text{ 某一個 } i \in I$$
$$\Leftrightarrow y \in \text{ran}\,G_i \text{ 某一個 } i \in I$$
$$\Leftrightarrow y \in \bigcup_{i\in I}(\text{ran}\,G_i)\,\text{。}$$

證明完畢。 □

注意到，當聯集換成交集時，定理 2.4.5 只有一個方向是成立的，如下所述。

**定理 2.4.6.** 假設 $\{G_i\}_{i\in I}$ 為一個圖族，則

(i) $\text{dom}\,(\bigcap_{i\in I} G_i) \subseteq \bigcap_{i\in I}(\text{dom}\,G_i)$。
(ii) $\text{ran}\,(\bigcap_{i\in I} G_i) \subseteq \bigcap_{i\in I}(\text{ran}\,G_i)$。

本定理的證明放在習題裡，由讀者自行驗證。

另一種關於聯集與交集的情形，則是當 $\mathcal{A}$ 為某一些類 $A$ 所形成

的類時，我們定義 $\mathcal{A}$ 中所有的類 $A$ 的聯集為

$$\bigcup_{A \in \mathcal{A}} A = \{x \mid x \in A \text{ 某一個 } A \in \mathcal{A}\},$$

並以符號 $\bigcup \mathcal{A}$ 簡記之。同樣地，我們也定義 $\mathcal{A}$ 中所有的類 $A$ 的交集為

$$\bigcap_{A \in \mathcal{A}} A = \{x \mid x \in A \text{ 每一個 } A \in \mathcal{A}\},$$

並以符號 $\bigcap \mathcal{A}$ 簡記之。

**例 2.4.7.** 假設 $X = \{a, b, c\}$、$Y = \{a, c, g, h\}$、$Z = \{c, h, m\}$ 與 $W = \{c, g, n, p\}$，並令 $\mathcal{A} = \{X, Y, Z, W\}$，則

$$\bigcup_{A \in \mathcal{A}} A = \{a, b, c, g, h, m, n, p\},$$
$$\bigcap_{A \in \mathcal{A}} A = \{c\} \circ$$

底下是與本節內容相關的一些習題。

**習題 2.4.1.** 證明定理 2.4.6。

**習題 2.4.2.** 令 $\{A_i\}_{i \in I}$ 與 $\{B_j\}_{j \in J}$ 為二個類的指標族。假設對於每一個 $i \in I$，都存在一個 $j \in J$，使得 $B_j \subseteq A_i$。證明

$$\bigcap_{j \in J} B_j \subseteq \bigcap_{i \in I} A_i \circ$$

**習題 2.4.3.** 令 $\{A_i\}_{i \in I}$ 與 $\{B_j\}_{j \in J}$ 為二個類的指標族。證明：

(a) $(\bigcap_{i \in I} A_i) \times (\bigcap_{j \in J} B_j) = \bigcap_{(i,j) \in I \times J} (A_i \times B_j)$。

(b) $(\bigcup_{i \in I} A_i) \times (\bigcup_{j \in J} B_j) = \bigcup_{(i,j) \in I \times J} (A_i \times B_j)$。

**習題 2.4.4.** 令 $\{A_i\}_{i \in I}$ 與 $\{B_j\}_{j \in J}$ 為二個類的指標族。證明：

(a) $(\bigcup_{i \in I} A_i) - (\bigcup_{j \in J} B_j) = \bigcup_{i \in I} (\bigcap_{j \in J} (A_i - B_j))$。
(b) $(\bigcap_{i \in I} A_i) - (\bigcap_{j \in J} B_j) = \bigcap_{i \in I} (\bigcup_{j \in J} (A_i - B_j))$。

**習題 2.4.5.** 我們說指標族 $\{U_i\}_{i \in I}$ 為 $A$ 的一個覆蓋 (covering)，如果 $A \subseteq \bigcup_{i \in I} U_i$。假設 $\{U_i\}_{i \in I}$ 與 $\{V_j\}_{j \in J}$ 為 $A$ 的二個不同之覆蓋，證明指標族 $\{U_i \cap V_j\}_{(i,j) \in I \times J}$ 為 $A$ 的一個覆蓋。

**習題 2.4.6.** 令 $\mathcal{A}$、$\mathcal{B}$ 分別為某些類所形成的類。證明下列各敘述：

(a) 如果 $A \in \mathcal{A}$，則 $A \subseteq \cup \mathcal{A}$ 且 $\cap \mathcal{A} \subseteq A$。
(b) 如果 $\mathcal{A} \subseteq \mathcal{B}$，則 $\cup \mathcal{A} \subseteq \cup \mathcal{B}$。
(c) 如果 $\emptyset \in \mathcal{A}$，則 $\cap \mathcal{A} = \emptyset$。

**習題 2.4.7.** 令 $\mathcal{A}$、$\mathcal{B}$ 分別為某些類所形成的類。證明 $\cap (\mathcal{A} \cup \mathcal{B}) = (\cap \mathcal{A}) \cap (\cap \mathcal{B})$。

## §2.5 公設化集合論

有了以上數節關於類的討論，我們便可以整理出一個初步的公設化集合論。集合其實就是一個類。什麼時候一個類曾被稱為集合？誠如在 2.2 節裡所言，目前一個廣泛被接受的定義為，集合就是元素，元素就是集合。我們希望集合在集合理論的運算之下所得到的結果還是一個集合。

基於這樣的一個認同，我們只要把先前對類所作的一些公設加以修正，便可以達成此目的。因此，我們便可以把配對公設 **A3** 敘述成：

**A3. (配對公設)** 如果 $A$、$B$ 為二個集合，則 $\{A, B\}$ 為一個集合。

接著，一個合理的看法就是當 $B$ 為一個集合，$A \subseteq B$ 時，類 $A$ 也應該被視為一個集合。這就是下一個子集合公設 (axiom of subsets)。

**A4. (子集合公設)** 一個集合的每一個子類是一個集合。

是以當 $A$ 為一個集合，$B$ 為一個類時，由於 $A \cap B \subseteq A$，所以，依據子集合公設，$A \cap B$ 是一個集合。特別地，任意二個集合的交集都是一個集合。另外，依據定義 2.2.1，一個集合裡的每一個元素都是集合。

至於集合的聯集，只要聯集的集合不是太多，我們理當把它視為一個集合。這一部分便交由下面的聯集公設 (axiom of unions) 來保證。

**A5. (聯集公設)** 如果 $\mathcal{A}$ 是一些集合所形成的集合，則 $\bigcup_{A \in \mathcal{A}} A$ 是一個集合。

一旦有了聯集公設之後，當 $A$、$B$ 為二個集合，則 $A \cup B$ 也是一個集合。原因是，由配對公設 **A3** 知道，$\{A, B\}$ 為一個集合。接著，再由聯集公設 **A5**，即得知 $A \cup B$ 是一個集合。

因此，我們也同時知道由兩個集合所形成的類 $\{A, B\}$ 都是集合。如果再加上 $A = B$，則由一個集合所形成的類 $\{A\}$ 也都是集合。依此類推，由三個集合所形成的類 $\{A, B, C\}$ 都是集合，由任意有限個集合所形成的類也都是集合。

## §2.5 公設化集合論

接下來，當給定一個集合 $A$ 時，我們也會時常考慮所有 $A$ 的子集合所形成的類。底下就是冪集合 $\mathcal{P}(A)$ (power set) 的定義。

**定義 2.5.1.** 假設 $A$ 是一個集合。我們定義 $A$ 的冪集合 $\mathcal{P}(A)$ 為所有 $A$ 之子集合所形成的類，亦即，

$$\mathcal{P}(A) = \{B \mid B \subseteq A\}。$$

這個定義，依據公設 **A2** 與 **A4**，是有意義的。因此，設定第六個冪集合公設 (axiom of power sets) 如下。

**A6. (冪集合公設)** 如果 $A$ 是一個集合，則 $\mathcal{P}(A)$ 為一個集合。

到目前為止，似乎仍然沒有給出一個確切的集合。底下的空集合公設 (axiom of emptyset) 即可用來彌補這個缺失。

**A7. (空集合公設)** 空類是一個集合，亦即，空集合。

符號 $\emptyset$ 即用來表示空集合。

**例 2.5.2.** 假設 $A = \{a, b, c\}$，則

$$\mathcal{P}(A) = \{\emptyset, \{a\}, \{b\}, \{c\}, \{a,b\}, \{b,c\}, \{c,a\}, \{a,b,c\}\}$$

為一個集合。

另外，有了空集合之後，我們就可以建構很多集合。比如說，集合 $\{\emptyset\}$、$\{\{\emptyset\}\}$ 與 $\{\emptyset, \{\emptyset\}\}$ 等等。集合 $\{\emptyset\}$、$\{\{\emptyset\}\}$ 各有一個元素，集合 $\{\emptyset, \{\emptyset\}\}$ 有二個元素。通常集合 $\{\emptyset\}$ 被稱作自然數 1，集合 $\{\emptyset, \{\emptyset\}\}$ 被稱作自然數 2。因此，1 有一個元素，2 有二個元素。當然以同樣的方式，我們也可以建構集合 3 有三個元素。首先，利用

由配對公設 **A3**，形成集合 $\{\{\emptyset, \{\emptyset\}\}, \{\{\emptyset, \{\emptyset\}\}\}\}$。接著，再由聯集公設 **A5**，即可得 $\{\emptyset, \{\emptyset\}, \{\emptyset, \{\emptyset\}\}\} = \{0, 1, 2\}$，亦即，自然數 3。這樣便能造出任何有限元素所形成的集合。也就是說，我們可以此方式建構所有的自然數。我們把所有自然數所形成的類記為 $\mathbb{N}$。

**A8. (自然數公設)** 自然數所形成的類 $\mathbb{N}$ 是一個集合。

接著，冪集合公設 **A6** 也可以推得一個重要的結論，亦即，如果 $A$ 是一個集合且 $P(X)$ 是 $X$ 的一個性質，則 $A$ 裡所有滿足 $P(X)$ 的子集合會形成一個集合。這是因為，由子集合公設 **A4** 與構造公設 **A2**，我們可以形成類

$$B = \{X \mid X \subseteq A \text{ 且滿足 } P(X)\}。$$

很明顯地，$B \subseteq \mathcal{P}(A)$。是以，再由冪集合公設 **A6** 與子集合公設 **A4**，得到 $B$ 是一個集合。

關於集合的乘積，我們也有下面的定理。

**定理 2.5.3.** 假設 $A$、$B$ 為二個集合，則 $A \times B$ 是一個集合。

**證明：** 因為 $A$、$B$ 為二個集合，所以，由聯集公設 **A5** 得知 $A \cup B$ 是一個集合。再由冪集合公設 **A6** 推得 $\mathcal{P}(\mathcal{P}(A \cup B))$ 也是一個集合。是以，經由子集合公設 **A4**，我們只要能證明 $A \times B \subseteq \mathcal{P}(\mathcal{P}(A \cup B))$，就可以了。

因此，令 $(x, y) \in A \times B$，得到 $x, y \in A \cup B$。因為 $\{x\} \in \mathcal{P}(A \cup B)$、$\{x, y\} \in \mathcal{P}(A \cup B)$，所以 $(x, y) = \{\{x\}, \{x, y\}\} \in \mathcal{P}(\mathcal{P}(A \cup B))$。這說明了 $A \times B \subseteq \mathcal{P}(\mathcal{P}(A \cup B))$。所以，由子集合公設 **A4**，知道 $A \times B$ 是一個集合。證明完畢。 $\square$

**推論 2.5.4.** 假設 $A$、$B$ 為二個集合，則任何圖 $G \subseteq A \times B$ 都是一個集合。

利用類似的推論方式，我們也可以證得下面的定理。

**定理 2.5.5.** 假設 $G$ 是一個圖。如果 $G$ 是一個集合，則 dom $G$ 與 ran $G$ 都是集合。

本定理的證明放在習題裡，由讀者自行驗證。

底下是與本節內容相關的一些習題。

**習題 2.5.1.** 如果 $A$、$B$ 為二集合，證明 $A - B$ 與 $A \triangle B$ 都是集合。

**習題 2.5.2.** 如果 $A$ 是一個真類，且 $A \subseteq B$，證明 $B$ 也是一個真類。

**習題 2.5.3.** 證明 $S = \{x \mid x \text{ 是一個集合}, \text{ 且 } x \notin x\}$ 是一個真類，不是集合。

**習題 2.5.4.** 證明宇類 $\mathcal{U}$ 是一個真類，不是集合。

**習題 2.5.5.** 假設 $\{A_i\}_{i \in I}$ 是一個由集合所形成的指標族。證明 $\bigcap_{i \in I} A_i$ 是一個集合。

**習題 2.5.6.** 證明定理 2.5.5。

**習題 2.5.7.** 假設 $G$、$H$ 為二個圖。如果 $G$ 與 $H$ 都是集合，證明 $G^{-1}$ 與 $G \circ H$ 也都是集合。

**習題 2.5.8.** 假設 $A$、$B$ 為二個集合。證明：

(a) $A \subseteq B$ 若且唯若 $\mathcal{P}(A) \subseteq \mathcal{P}(B)$。
(b) $A = B$ 若且唯若 $\mathcal{P}(A) = \mathcal{P}(B)$。
(c) $\mathcal{P}(A) \cap \mathcal{P}(B) = \mathcal{P}(A \cap B)$。
(d) $\mathcal{P}(A) \cup \mathcal{P}(B) \subseteq \mathcal{P}(A \cup B)$。
(e) $A \cap B = \emptyset$ 若且唯若 $\mathcal{P}(A) \cap \mathcal{P}(B) = \{\emptyset\}$。

**習題 2.5.9.** 假設 $A$、$B$ 為二個集合。證明：

(a) $\cup(\mathcal{P}(B)) = B$。
(b) $\cap(\mathcal{P}(B)) = \emptyset$。
(c) 如果 $\mathcal{P}(A) \in \mathcal{P}(B)$，則 $A \in B$。

**習題 2.5.10.** 寫出集合 $\mathcal{P}(\mathcal{P}(\emptyset))$ 與 $\mathcal{P}(\mathcal{P}(\mathcal{P}(\emptyset)))$。

# §2.6 後語

早在康托爾時期，他便已創立了現代之集合論，成為實數系以至整個微積分理論體系的基礎，同時也提出了勢 (cardinality) 與良序 (well-ordering) 概念的定義。他在西元 1874 至 1884 年間的研究成果，可說是集合論的起源。康托爾確定了在兩個集合之間一對一關係的重要性，定義了無限且有序的集合，並證明了實數比自然數更多。

## §2.6 後語

集合論確實發揮了現代數學基礎理論的作用，因為它明確定義並解釋了幾乎所有的傳統數學領域 (如代數、分析與拓樸) 中之數學對象 (如數系與函數) 的命題。同時，依據康托爾所建立起的這一套集合理論，提供了標準的公理來證明或反證它們。

然而集合論也不是完美無瑕的。以至於在西元 1902 年，羅素提出了一個悖論，亦即，羅素悖論。同時也促使了公設化集合論的誕生。策梅洛在西元 1908 年發表了他的集合論。過了幾年，斯科倫與弗蘭克爾加以改進，並共同發展出一套目前廣為接受的公設化集合論，稱之為策梅洛–弗蘭克爾公設化集合論，簡稱為 $ZF$。

同時，策梅洛在西元 1904 年證明了良序定理 (well-ordering theorem)，如下所述。

**定理 2.6.1. (良序定理)** 在任意非空的集合 $S$ 上都存在一個良序 $\leq$，使得 $(S, \leq)$ 形成一個良序集合。

良序定理告訴我們，在任意非空的集合 $S$ 上都可以定義一個良序 $\leq$，使得 $(S, \leq)$ 形成一個良序集合。特別地，我們也可以在實數 $\mathbb{R}$ 上定義一個良序 $\leq$，使得 $(\mathbb{R}, \leq)$ 形成一個良序集合。這是一個令人相當震驚的結果。讀者如果對策梅洛良序定理的證明有興趣，可以參閱文獻 [2]。

為了證明集合的良序定理，策梅洛提出了選擇公設 (axiom of choice)，簡記為 $AC$。在西元 1908 年，策梅洛又發表了修訂後的選擇公設如下：

**選擇公設.** 假設 $\{E_\alpha \mid \alpha \in \Lambda\}$ 為一個由指標集合 $\Lambda$ 所定義的集合族，滿足 $E_\alpha \neq \emptyset$，對於任意 $\alpha \in \Lambda$ 都成立與 $E_\alpha \cap E_\beta = \emptyset$，如果 $\alpha, \beta \in \Lambda$ 且 $\alpha \neq \beta$，則存在一個集合 $S$，它的元素是由每一個 $E_\alpha$ ($\alpha \in \Lambda$) 中各取唯一的一個元素所組成。

現在，經由數學家多年的努力，我們已經知道良序定理與選擇公設其實是彼此相互等價的。更值得一提的是，它們是獨立於策梅洛–弗蘭克爾公設化集合論。因此，如果我們把策梅洛–弗蘭克爾公設化集合論加上選擇公設就形成一套更完備的公設化集合論，稱之為 $ZFC$。

因此，從下一章起，我們便可以、也會把大部分的數學命題敘述在集合上，即使當很多命題敘述在類上也是成立的。

## §2.7　參考文獻

1. Krantz, S. G., The Elements of Advanced Mathematics, Fourth Edition, CRC Press, Boca Raton, FL, 2018.

2. Pinter, C. C., Set Theory, Addison-Wesley, Reading, MA, 1971.

# 第 3 章 數學歸納原理

## §3.1 數學歸納原理

　　自有人類存在至今,基於生活上的需要,數目的概念很自然地便形成了。因此,有了所謂的自然數 (natural number),亦即,正整數 (positive integer)。也因此衍生出算術的運算。時至今日,自然數集合 $\mathbb{N}$ 也可以經由嚴謹的集合論建構出來。目前我們對自然數已經有相當地瞭解,但也仍然存在著無數的疑惑,有待人類去揭開其面紗。

　　數學上,當我們在研究一個關於自然數 $n$ 的命題 $P(n)$ 時,常常會遇到一個情形,就是:命題 $P(n)$ 是否對任意自然數 $n$ 都真?由於自然數 $\mathbb{N}$ 有無窮多個元素,我們無法一一去檢驗 $P(n)$ 對於每一個自然數 $n$ 是真或假。因此,一個合乎邏輯、有系統的論證方式就顯得有其絕對的需要。數學歸納原理 (principle of mathematical induction),或稱之為數學歸納法,便因此而誕生。我們先給出如下的定義。

**定義 3.1.1.** 假設 $S$ 為 $\mathbb{N}$ 的一個非空子集合。我們說 $S$ 是歸納性的 (inductive),如果 $n \in S$,則 $n+1 \in S$。

現在我們便可以敘述數學歸納原理。它是一個公設，一個我們可以接受的公設。

**數學歸納原理.** 如果 $S$ 為 $\mathbb{N}$ 的一個具歸納性，且 $1 \in S$ 的子集合，則 $S = \mathbb{N}$。

數學歸納原理中的條件 $1 \in S$ 即是用來啟動數學歸納法。由於子集合 $S$ 具歸納性，是以由 $1 \in S$，便得到 $2 \in S$、$3 \in S \cdots$ 等等。事實上，終其一生我們是無法對所有的自然數做無窮多次的推導。但是接受 $S = \mathbb{N}$ 似乎也是一個合理的思維。因此，我們便把它設為一個原理或公設。下面就是一個大眾所熟悉的例子。

**例 3.1.2.** 假設 $n$ 為一自然數，則 $1 + 2 + \cdots + n = \frac{n(n+1)}{2}$。

首先，令 $P(n)$ 為命題 $1 + 2 + \cdots + n = \frac{n(n+1)}{2}$，集合 $S = \{n \in \mathbb{N} \mid P(n) \text{ 成立}\}$。我們先檢驗 $1 \in S$。當 $n = 1$ 時，$1 = \frac{1(1+1)}{2}$。所以，得到 $1 \in S$。如果 $n \in S$，考慮 $n + 1$ 的情形。經由直接的計算，便可推得

$$\begin{aligned} 1 + 2 + \cdots + n + (n+1) &= \frac{n(n+1)}{2} + (n+1) \\ &= (n+1)(\frac{n}{2} + 1) \\ &= \frac{(n+1)(n+2)}{2}, \end{aligned}$$

亦即，$n + 1 \in S$。第一個等式成立是因為我們假設 $n \in S$。所以，由數學歸納原理，得到 $S = \mathbb{N}$。證明完畢。 □

數學歸納原理也可以用來證明算幾不等式。

## §3.1 數學歸納原理

**定理 3.1.3.** 假設 $a_1, \cdots, a_k$ 為 $k$ 個大於 0 的實數，則
$$A = \frac{a_1 + \cdots + a_k}{k} \geq (a_1 \cdots a_k)^{1/k} = G \text{。} \tag{3.1.1}$$
等號成立若且唯若 $a_1 = a_2 = \cdots = a_k$。

我們稱定理 3.1.3 中的 $A$ 為算術平均數，$G$ 為幾何平均數。

**證明：** 為了證明 (3.1.1)，我們先利用數學歸納原理證明 (3.1.1) 的一個特例，亦即，證明 $k = 2^n$ ($n \in \mathbb{N}$) 的情形。當 $n = 1$ 時，因為 $(\sqrt{a_1} - \sqrt{a_2})^2 \geq 0$，得到
$$\frac{a_1 + a_2}{2} \geq \sqrt{a_1 a_2} \text{。}$$
假設當 $k = 2^n$ ($n \in \mathbb{N}$) 時，(3.1.1) 成立。然後考慮 $k = 2^{n+1}$ 的情形。

$$\begin{aligned}\frac{a_1 + a_2 + \cdots + a_{2^{n+1}}}{2^{n+1}} &= \frac{\frac{a_1 + \cdots + a_{2^n}}{2^n} + \frac{a_{2^n+1} + \cdots + a_{2^{n+1}}}{2^n}}{2} \\ &\geq ((\frac{a_1 + \cdots + a_{2^n}}{2^n})(\frac{a_{2^n+1} + \cdots + a_{2^{n+1}}}{2^n}))^{1/2} \\ &\geq ((a_1 \cdots a_{2^n})^{1/2^n} (a_{2^n+1} \cdots a_{2^{n+1}})^{1/2^n})^{1/2} \\ &= (a_1 \cdots a_{2^n} a_{2^n+1} \cdots a_{2^{n+1}})^{1/2^{n+1}} \text{。}\end{aligned}$$

如此，$k = 2^n$ ($n \in \mathbb{N}$) 的情形便證明完畢。

對於一般的情形 $k \in \mathbb{N}$，我們選取一正整數 $n$ 滿足 $k < 2^n$。令 $A$ 為此 $k$ 個正數的算術平均數，亦即，$kA = a_1 + \cdots + a_k$。接著，利用前半的證明便可以推得
$$\frac{a_1 + \cdots + a_k + (2^n - k)A}{2^n} \geq (a_1 \cdots a_k A^{2^n - k})^{1/2^n} \text{。}$$
因此，得到
$$A \geq (a_1 \cdots a_k)^{1/2^n} A^{1 - \frac{k}{2^n}},$$

也就是說，
$$A = \frac{a_1 + \cdots + a_k}{k} \geq (a_1 \cdots a_k)^{1/k} = G 。$$

現在我們說明等號成立的情形，同時假設 $k \geq 3$。如果這 $k$ 個數不全等，我們便可以假設 $a_1 > A$ 且 $a_2 < A$。然後選取一個正數 $\epsilon$ 使得 $a_1 - \epsilon > A$ 且 $a_2 + \epsilon < A$。接著考慮 $k$ 個新的正數定義如下：
$$b_1 = a_1 - \epsilon，b_2 = a_2 + \epsilon，b_j = a_j，3 \leq j \leq k 。$$

由於 $a_1 - \epsilon > A > a_2 + \epsilon$，得到 $a_1 - a_2 - \epsilon > \epsilon > 0$。因此，由 (3.1.1) 便可推得
$$\begin{aligned}\left(\frac{a_1 + \cdots + a_k}{k}\right)^k &= \left(\frac{b_1 + \cdots + b_k}{k}\right)^k \\ &\geq b_1 \cdots b_k \\ &= (a_1 - \epsilon)(a_2 + \epsilon)a_3 \cdots a_k \\ &= a_1 \cdots a_k + \epsilon(a_1 - a_2 - \epsilon)a_3 \cdots a_k \\ &> a_1 \cdots a_k 。\end{aligned}$$

所以，等號成立若且唯若 $a_1 = a_2 = \cdots = a_k$。證明完畢。 □

我們也可以將數學歸納原理作一直接的推廣，得到下列之廣義數學歸納原理 (extended principle of mathematical induction)。

**廣義數學歸納原理.** 假設 $k \in \mathbb{N}$，$S$ 為 $\mathbb{N}$ 的一個子集合滿足：

(i) $k \in S$，與
(ii) 如果 $n \geq k$ 且 $n \in S$，則 $n + 1 \in S$，

則集合 $\{n \in \mathbb{N} \mid n \geq k\} \subseteq S$。

當 $k = 1$ 時，就可以推得廣義數學歸納原理涵蘊數學歸納原理。反過來說，也是成立的。

**定理 3.1.4.** 數學歸納原理涵蘊廣義數學歸納原理。

**證明：** 假設 $k \in \mathbb{N}$，$S$ 為 $\mathbb{N}$ 的一個子集合滿足：

(i) $k \in S$，與
(ii) 如果 $n \geq k$ 且 $n \in S$，則 $n+1 \in S$。

我們可以假設 $k \geq 2$。定義一個新的集合 $S_1 = S \cup \{n \in \mathbb{N} \mid n < k\}$。不難看出 $S_1$ 是 $\mathbb{N}$ 裡一個非空、具歸納性，且 $1 \in S_1$ 的子集合。因此，依據數學歸納原理，得到 $S_1 = \mathbb{N}$。所以，$\{n \in \mathbb{N} \mid n \geq k\} \subseteq S$。證明完畢。 □

**例 3.1.5.** 證明，對於任意正整數 $n \geq 6$，$(n+1)^2 \leq 2^n$ 恆成立。

**證明：** 當 $n = 6$ 時，$(6+1)^2 = 49 < 64 = 2^6$。現在，假設 $n \geq 6$ 且 $(n+1)^2 \leq 2^n$。因為 $n \geq 6$，經由直接的計算，得到

$$\begin{aligned}
2^{n+1} &= 2 \cdot 2^n \\
&\geq 2(n+1)^2 \\
&= (n+1)^2 + n^2 + 2n + 1 \\
&> (n+1)^2 + 2(n+1) + 1 \\
&= (n+1+1)^2 \text{。}
\end{aligned}$$

所以，依據廣義數學歸納原理，對於任意正整數 $n \geq 6$，$(n+1)^2 \leq 2^n$ 恆成立。證明完畢。 □

一般而言，數學歸納原理在某些情形之下，用起來可能不是很順手。比如說，考慮命題如下：每一個大於 1 的自然數是一個質數或是兩個 (含) 以上質數的乘積。如果我們嘗試使用廣義數學歸納原

理來論證此命題，可以令

$S = \{n \in \mathbb{N} \mid n > 1, \text{且 } n \text{ 是一個質數或是兩個 (含) 以上質數的乘積}\}$。

很明顯地，$2 \in S$。現在，如果 $n \geq 2$ 且 $n \in S$，為了要使用廣義數學歸納原理，我們必須要證明 $n + 1 \in S$。如果 $n + 1$ 是一個質數，則 $n + 1 \in S$。如果 $n + 1$ 不是一個質數，便是一個合成數，得到 $n + 1 = ab$，$a$ 與 $b$ 為二個大於 1、小於 $n + 1$ 的自然數。但是，因為我們只知道 $n \geq 2$ 與 $n \in S$，無法知道 $a$ 與 $b$ 是否屬於 $S$；也因此無法判斷 $n + 1$ 是否屬於 $S$，得不到任何結論或矛盾。因此，整個論證過程就此卡住。為了彌補這種可能的缺失，另一種數學歸納原理的敘述便應運而生，我們將之稱為**數學歸納原理 II** (principle of mathematical induction II)，或**第二數學歸納原理** (second principle of mathematical induction)，或**強數學歸納原理** (strong principle of mathematical induction)。

**數學歸納原理 II.** 假設 $S$ 為 $\mathbb{N}$ 的一個子集合滿足：

(i) $1 \in S$，
(ii) 對於每一個 $n \in \mathbb{N}$，如果 $\{1, 2, 3, \cdots, n\} \subseteq S$，則 $n + 1 \in S$，

則 $S = \mathbb{N}$。

現在，我們如果採用數學歸納原理 II 就可以證明上述之命題，得到下面的定理。

**定理 3.1.6.** 每一個大於 1 的自然數是一個質數或是兩個 (含) 以上質數的乘積。

**證明：** 首先，令

$$S = \{n \in \mathbb{N} \mid n = 1, \text{或 } n \text{ 是一個質數,}$$
$$\text{或 } n \text{ 是兩個 (含) 以上質數的乘積}\},$$

§3.1 數學歸納原理

得到 $1, 2 \in S$。現在，假設 $n \geq 2$ 且 $\{1, 2, 3, \cdots, n\} \subseteq S$，如果 $n+1 \notin S$，則得到 $n+1 = ab$，$a$ 與 $b$ 為二個自然數滿足 $1 < a, b < n+1$。因此，依據歸納之假設，$a, b \in S$，亦即，$a$ 與 $b$ 為質數，或是質數的乘積。所以，$n+1 = ab$ 也是質數的乘積。由此推得 $n+1 \in S$，得到一個矛盾。所以，$n+1 \in S$。接著，再由數學歸納原理 II，得到 $S = \mathbb{N}$。這也說明了每一個大於 1 的自然數是一個質數或是兩個 (含) 以上質數的乘積。證明完畢。 □

在這裡我們暫時離開數學歸納原理，回顧一下西元 1904 年策梅洛所證出的良序定理 (定理 2.6.1)。它說明了：在任意非空的集合 $S$ 上都存在一個良序 $\leq$，使得 $(S, \leq)$ 形成一個良序集合。現在我們就敘述自然數良序原理 (well-ordering principle)。

**自然數良序原理.** 每一個 $\mathbb{N}$ 的非空子集合都有一個最小的元素。

底下是一個非常關鍵的定理，它說明了數學歸納原理、數學歸納原理 II 與自然數良序原理在數學上是彼此等價的。

**定理 3.1.7.** 下面三個敘述是彼此等價的：

(i) 數學歸納原理，
(ii) 數學歸納原理 II，
(iii) 自然數良序原理。

**證明：** (i)⇒(iii)。假設 $A$ 是 $\mathbb{N}$ 的一個非空子集合。如果 $A$ 沒有一個最小的元素，則 $1 \in A^c = \mathbb{N} - A$。如果 $n \in A^c$，同樣的理由使可推得 $\{1, 2, \cdots, n\} \subseteq A^c$，以及 $n+1 \in A^c$。因此，依據數學歸納原理，得到 $A^c = \mathbb{N}$。也就是說，$A = \emptyset$。這是一個矛盾。所以，$A$ 有一個最小的元素。

(iii)⇒(i)。假設 $S$ 為 $\mathbb{N}$ 的一個具歸納性,且 $1 \in S$ 的子集合。令 $A = \mathbb{N} - S$。如果 $A \neq \emptyset$,則依據自然數良序原理,$A$ 有一個最小的元素 $m$。因為 $1 \in S$,所以,$m > 1$。因此,得到 $m - 1 \in S$。又因為 $S$ 具歸納性,推得 $m \in S$。這與 $m \in A = \mathbb{N} - S$ 相互矛盾。所以,$A = \emptyset$,亦即,$S = \mathbb{N}$。

(i)⇒(ii)。假設 $S$ 為 $\mathbb{N}$ 的一個子集合滿足 $1 \in S$,與對於每一個 $n \in \mathbb{N}$,如果 $\{1, 2, 3, \cdots, n\} \subseteq S$,則 $n + 1 \in S$。我們說 $S = \mathbb{N}$。因為如果 $S \neq \mathbb{N}$,則 $A = \mathbb{N} - S \neq \emptyset$。由於我們已經知道 (i) 與 (iii) 是等價的,所以,$A$ 有一個最小的元素 $m > 1$。這表示 $\{1, 2, \cdots, m-1\} \subseteq S$,因此,推得 $m \in S$。這是一個矛盾。所以,$S = \mathbb{N}$。

(ii)⇒(i)。因為 (i) 與 (iii) 是等價的,所以,我們將證明 (ii)⇒(iii)。假設 $A$ 是 $\mathbb{N}$ 的一個非空子集合。如果 $A$ 沒有一個最小的元素,則 $1 \in A^c = \mathbb{N} - A$。對於每一個 $n \in \mathbb{N}$,如果 $\{1, 2, 3, \cdots, n\} \subseteq A^c$,推得 $n+1 \in A^c$。因為,如果 $n+1 \notin A^c$,會導致於 $n+1$ 為 $A$ 中最小的元素。這是一個矛盾。因此,經由數學歸納原理 II,得到 $A^c = \mathbb{N}$,亦即,$A = \emptyset$。這也是一個矛盾。所以,$A$ 有一個最小的元素。證明完畢。 □

定理 3.1.7 讓我們在處理有關數學歸納的問題時,更具彈性。我們以下面的例子作說明。

**例 3.1.8.** 假設 $n$ 為一自然數,證明 6 整除 $n^3 - n$。

**證明:** 方法一:利用數學歸納原理。令

$$S = \{n \in \mathbb{N} \mid 6 \text{ 整除 } n^3 - n\}。$$

當 $n = 1$ 時,6 整除 $0 = 1^3 - 1$。所以,$1 \in S$。如果 $n$ 為一自然數

## §3.1 數學歸納原理

且 6 整除 $n^3 - n$，直接計算 $n+1$ 的情形，得到

$$(n+1)^3 - (n+1) = n^3 + 3n^2 + 3n + 1 - n - 1$$
$$= n^3 - n + 3n(n+1)。$$

很明顯地，依據假設 6 整除 $n^3 - n$，推得 6 整除 $n^3 - n + 3n(n+1) = (n+1)^3 - (n+1)$。所以，$n+1 \in S$。因此，由數學歸納原理，得到 $S = \mathbb{N}$。

方法二：利用自然數良序原理。這個時候我們令

$$A = \{n \in \mathbb{N} \mid 6 \text{ 不能整除 } n^3 - n\}。$$

如果 $A \neq \emptyset$，則依據自然數良序原理，$A$ 有一個最小的元素 $m$，且 $m > 1$。這表示 6 整除 $(m-1)^3 - (m-1)$。因此，與方法一中同樣的驗證，推得 6 整除 $m^3 - m$。因此，$m \notin A$。這與 $m \in A$ 相互矛盾。所以，$A = \emptyset$，亦即，對於每一個自然數 $n$，6 整除 $n^3 - n$。證明完畢。□

在這裡我們也可以將數學歸納原理 II 作一類似的推廣，得到下列之廣義數學歸納原理 II (extended principle of mathematical induction II)。

**廣義數學歸納原理 II.** 假設 $k \in \mathbb{N}$，$S$ 為 $\mathbb{N}$ 的一個子集合滿足：

(i) $k \in S$，與
(ii) 如果 $n \geq k$ 且 $\{k, k+1, \cdots, n\} \subseteq S$，則 $n+1 \in S$，

則集合 $\{n \in \mathbb{N} \mid n \geq k\} \subset S$。

最後，在結束本節之前，我們證明整數除法算則 (division algorithm for integers)。

**定理 3.1.9. (整數除法算則)** 假設 $a$ 為一整數，$b$ 為一自然數，則存在唯一的一組整數 $q, r$ 滿足 $a = bq + r$ 且 $0 \leq r < b$。

**證明：** 令

$$S = \{a - bt \mid t \text{ 為一整數，且 } a - bt \geq 0\}。$$

我們說 $S \neq \emptyset$。如果 $a \geq 0$，取 $t = 0$，則 $a - b \times 0 = a \geq 0$；如果 $a < 0$，取 $t = a$，則 $a - ba = a(1 - b) \geq 0$。所以，$S \neq \emptyset$。

因此，由自然數良序原理知道，$S$ 有一個最小元素 $r = a - bq \geq 0$。另外，因為 $r$ 是 $S$ 裡最小的元素，且 $r - b = a - bq - b = a - b(q+1) < r$，所以推得 $r - b \notin S$，亦即，$r - b < 0$ 或 $r < b$。至此，我們已證明了整數 $q, r$ 的存在性。

如果有另外一組整數 $q', r'$ 滿足 $a = bq' + r'$ 與 $0 \leq r' < b$，且 $q' < q$，便得到 $q' + 1 \leq q$。因此，推得

$$r = a - bq \leq a - b(q' + 1) = a - bq' - b = r' - b < 0。$$

這是一個矛盾。所以，$q' \geq q$。同理也可以推得 $q \geq q'$。這表示 $q = q'$。接著，再由

$$bq + r' = bq' + r' = a = bq + r，$$

我們也得到 $r = r'$。這樣就完成了整數 $q, r$ 唯一性的證明。證明完畢。 □

經由整數除法算則，我們便能推得一些應用，特別是如何得到二個不全為 0 之整數 $m$ 與 $n$ 的最大公因數 $\gcd(m, n)$。

**定理 3.1.10.** 假設 $m$ 與 $n$ 為二個不全為 0 的整數，則 $\gcd(m, n)$ 就是唯一的一個正整數 $d$ 滿足：

## §3.1 數學歸納原理

(i) $d$ 整除 $m$ 與 $n$，且
(ii) 如果 $c$ 是一個整除 $m$ 與 $n$ 的正整數，則 $c$ 整除 $d$。

**證明：** $d$ 的唯一性。假設 $d_1$、$d_2$ 為二個滿足 (i) 與 (ii) 的正整數，則 $d_1$ 整除 $d_2$ 且 $d_2$ 整除 $d_1$。所以，$d_1 = d_2$。

關於 $d$ 的存在性，我們只要證明 $\gcd(m,n)$ 是一個滿足 (i) 與 (ii) 的正整數就可以了。如果 $n=0$，則 $\gcd(m,n) = \gcd(m,0) = |m|$。很明顯地，$|m|$ 滿足條件 (i) 與 (ii)。所以，我們可以先假設 $m \neq 0$ 與 $n > 0$。現在經由整數除法算則，得到整數 $q_1$ 與 $r_1$ 滿足

$$m = nq_1 + r_1,$$

且 $0 \leq r_1 < n$。如果 $r_1 = 0$，則 $n$ 整除 $m$，且 $n$ 滿足條件 (i) 與 (ii)。

如果 $r_1 \neq 0$，同理地得到整數 $q_2$ 與 $r_2$ 滿足

$$n = r_1 q_2 + r_2,$$

且 $0 \leq r_2 < r_1$。同樣地，如果 $r_2 = 0$，則 $r_1$ 整除 $n$。由此，推得，$r_1$ 整除 $m$，亦即，$r_1$ 滿足條件 (i)。如果 $c$ 是一個整除 $m$ 與 $n$ 的正整數，因為

$$r_1 = m - nq_1,$$

得到 $c$ 也整除 $r_1$。也就是說，$r_1$ 滿足條件 (i) 與 (ii)。否則就繼續重複同樣的步驟。

一般而言，這樣的邏輯推演，很明顯地，在重複有限次之後就必須停止，得到

$$m = nq_1 + r_1 \quad \text{且} \quad 0 < r_1 < n$$
$$n = r_1 q_2 + r_2 \quad \text{且} \quad 0 < r_2 < r_1$$
$$r_1 = r_2 q_3 + r_3 \quad \text{且} \quad 0 < r_3 < r_2$$
$$\vdots$$
$$r_{p-2} = r_{p-1} q_p + r_p \quad \text{且} \quad 0 < r_p < r_{p-1}$$
$$r_{p-1} = r_p q_{p+1} + r_{p+1} \quad \text{且} \quad 0 = r_{p+1}，$$

其中 $0 \leq p < n$，$q_j$ $(1 \leq j \leq p+1)$ 為整數，$r_j$ $(1 \leq j \leq p)$ 為正整數。當 $r_1 = 0$ 時，令 $n = r_0$，$m = r_{-1}$。

現在，如同上述的討論一樣，推得 $r_p$ 整除 $m$ 與 $n$，亦即，$r_p$ 滿足條件 (i)。如果 $c$ 是一個整除 $m$ 與 $n$ 的正整數，我們也可以推得 $c$ 整除 $r_p$。換句話說，$r_p$ 滿足條件 (i) 與 (ii)。

由於 $r_p$ 是一個正整數整除 $m$ 與 $n$，所以依據最大公因數的定義，$r_p \leq \gcd(m,n)$。另一方面，$\gcd(m,n)$ 整除 $m$ 與 $n$。所以由條件 (ii)，$\gcd(m,n)$ 也整除 $r_p$，得到 $\gcd(m,n) \leq r_p$。所以，$\gcd(m,n) = r_p$。這樣就完成了，當 $n > 0$ 時，定理的證明。

最後，假設 $n < 0$。由於 $\gcd(m,n) = \gcd(m,|n|)$，因此，以上的證明便說明了 $\gcd(m,n)$ 是唯一的一個正整數滿足條件 (i) 與 (ii)。證明完畢。 □

在數學上，我們稱定理 3.1.10 證明中求二個正整數之最大公因數的方法為輾轉相除法。底下是一個例子。

**例 3.1.11.** 求 $\gcd(7296, 1330)$。

## §3.1 數學歸納原理

我們將以輾轉相除法來求 7296 與 1330 的最大公因數，得到

$$7296 = 1330 \times 5 + 646$$
$$1330 = 646 \times 2 + 38$$
$$646 = 38 \times 17。$$

所以，$\gcd(7296, 1330) = 38$。同時，由這些等式也得到

$$38 = 1330 - 646 \times 2$$
$$= 1330 - (7296 - 1330 \times 5) \times 2$$
$$= (-2) \times 7296 + 11 \times 1330。$$

也就是說，二個正整數之最大公因數可以寫成這二個正整數分別乘以一個整數 (可能為負) 之後的和。這樣的表示方式可以由輾轉相除法得到。在 3.3 節裡，我們也將直接驗證此事實。

底下是與本節內容相關的一些習題。

**習題 3.1.1.** 利用數學歸納原理證明，對於任意 $n \in \mathbb{N}$，下面各敘述恆成立：

(a) $1^2 + 2^2 + \cdots + n^2 = \frac{n(n+1)(2n+1)}{6}$。
(b) 5 整除 $2^{2n-1} + 3^{2n-1}$。
(c) $(1 + \frac{1}{2})^n \geq 1 + \frac{n}{2}$。
(d) $(\cos x + i \sin x)^n = \cos(nx) + i \sin(nx)$，其中 $i^2 = -1$。

**習題 3.1.2.** 利用數學歸納原理證明，對於任意 $n \subset \mathbb{N}$，9 整除 $n^3 + (n+1)^3 + (n+2)^3$。

**習題 3.1.3.** 利用數學歸納原理證明，對於任意 $n \subset \mathbb{N}$，$n^n \geq n!$。

**習題 3.1.4.** 利用數學歸納原理證明，對於任意自然數 $n \geq 6$，$2^{n+2} \leq n!$。

**習題 3.1.5.** 假設 $a \neq 0$ 為一實數。利用數學歸納原理證明，對於任意 $n \in \mathbb{N}$，下面矩陣等式恆成立。

$$\begin{pmatrix} a & 1 \\ 0 & a \end{pmatrix}^n = \begin{pmatrix} a^n & na^{n-1} \\ 0 & a^n \end{pmatrix}。$$

**習題 3.1.6.** 假設 $n$ 為一正偶數，證明

$$\left(1 - \frac{1}{2}\right)\left(1 + \frac{1}{3}\right)\left(1 - \frac{1}{4}\right) \cdots \left(1 - \frac{1}{n}\right) = \frac{1}{2}。$$

**習題 3.1.7.** 試求下列各組 $m$、$n$ 的最大公因數，並找出整數 $\alpha$、$\beta$ 使得 $\alpha m + \beta n = \gcd(m, n)$：

(a) $m = 586$，$n = 128$。
(b) $m = 2142$，$n = 315$。
(c) $m = 5538$，$n = 1430$。

## §3.2 遞迴數列

　　數學歸納的概念也可以用來定義數列。一般而言，數列指的是某些無窮可數之數字的一個排序。由於有無窮多個數字，以至於我們無法把這些數字全部列舉出來。通常我們用以描述一個數列的方式，就是給此數列第 $n$ 項一個公式。然後把數列的每一項利用此公式寫出來。下面是一些例子。

## §3.2 遞迴數列

**例 3.2.1.** 數列 $\{a_n\}_{n=1}^{\infty}$，$a_n = 2n - 1$。因此，$a_1 = 1$，$a_2 = 3$，$a_3 = 5$，$\cdots$。所以，此數列就是由所有的奇數來形成。

**例 3.2.2.** 數列 $\{a_n\}_{n=1}^{\infty}$，$a_n = 1 + 2 + \cdots + n$。由例 3.1.2 知道，$a_n = \frac{n(n+1)}{2}$。因此，$a_1 = 1$，$a_2 = 3$，$a_3 = 6$，$a_4 = 10$，$\cdots$。

現在，我們也可以透過遞迴歸納的方式來定義一個數列，稱之為遞迴數列 (recursive sequence)。也就是說，在知道第 1 項到第 $k$ 項，以及第 $n+k$ 項 ($n \geq 1$) 與第 $n$ 項到第 $n+k-1$ 項的遞迴關係 (recurrence relation)，如此便可以定義一個數列。邏輯上的思維是很明顯的。第 1 項到第 $k$ 項為已知，接著第 $k+1$ 項便可由第 1 項到第 $k$ 項推得，第 $k+2$ 項由第 2 項到第 $k+1$ 項推得，其餘依此類推。底下就是一些典型的例子。

**例 3.2.3.** 數列 $\{a_n\}_{n=1}^{\infty}$，$a_1 = 3$，$a_{n+1} = \frac{3(1+a_n)}{3+a_n}$，$n \geq 1$。因此，得到 $a_1 = 3$，$a_2 = 2$，$a_3 = \frac{9}{5}$，$\cdots$。

**例 3.2.4.** 數列 $\{a_n\}_{n=1}^{\infty}$，$a_1 = 1$，$a_2 = 2$，$a_{n+2} = (a_n a_{n+1})^{1/2}$，$n \geq 1$。因此，得到 $a_1 = 1$，$a_2 = 2$，$a_3 = 2^{1/2}$，$a_4 = 2^{3/4}$，$\cdots$。

數學上，一個以遞迴方式定義，且很重要的例子就是所謂的「斐波那契數列」。

斐波那契 (Leonardo Fibonacci，ca.1170–ca.1250) 是一位義大利數學家。他的生平歷史上並沒有很清楚地記載。所以，我們特別在他的生平前面加上 ca.，用以表示這是一個大概的年分。

西元 1202 年時，斐波那契為了給予兔子族群總數一個數學上比

較精確地描述，因此，在他所寫的《Liber Abaci》(譯成《算盤書》)裡面，提出了一個問題：關於如何描述兔子在繁殖的過程中，每個月兔子族群的總數。為此他作了底下一些理想化的假設：

(i) 第一個月初有一對小兔子出生，一雄、一雌。
(ii) 小兔子經過一個月便長大成年，可以交配繁殖。每次每一對成年的兔子也都是生下一對小兔子，一雄、一雌。
(iii) 每一對成年的兔子每個月都會繼續生下一對小兔子，一雄、一雌。
(iv) 兔子永遠都不會死。

在這樣的假設之下我們想知道，第 $n$ 個月時，這個兔子族群總共會有幾對兔子？對於這個問題，一個簡單的分析可以敘述如下。我們不妨假設，在第 $n$ 個月時，有 $i$ 對成年的兔子和 $j$ 對剛出生的小兔子。經過一個月後，在第 $n+1$ 個月時，依據假設 (ii) 和 (iv) 便會有 $i+j$ 對成年的兔子，和再依據假設 (iii)，$i$ 對剛出生的小兔子。因此重複這樣的步驟，在第 $n+2$ 個月時，就會有 $2i+j$ 對成年的兔子和 $i+j$ 對剛出生的小兔子。如果我們用 $F_n$ 來表示，在第 $n$ 個月時，兔子族群中總共的對數，就很容易得到下列的關係式：

$$F_{n+2} = (2i+j) + (i+j) = F_{n+1} + F_n。$$

因此，當一開始時有一對小兔子出生，得到 $F_1 = 1$。到了第二個月時小兔子長大了，還是只有一對兔子，所以 $F_2 = 1$。接下來就可以照著上述的公式來計算 $F_n$。這就說明了為什麼斐波那契會得到如下的數列

$$1, 1, 2, 3, 5, 8, 13, 21, 34, 55, 89, 144, 233, \cdots,$$

用以表示，在第 $n$ 個月時，這個兔子族群總共的對數。

在數學上，它是一個經由遞迴關係式所定義出來的數列。也就是說，它是一個數列 $\{F_n\}_{n=1}^{\infty}$，滿足下列的條件：

## §3.2 遞迴數列

(i) $F_1$、$F_2$ 為隨意給定的實數，
(ii) $F_{n+2} = F_n + F_{n+1}$，當 $n \geq 1$。

現在我們把數列 $\{F_n\}_{n=1}^{\infty}$ 中的數 $F_n$ 稱之為斐波那契數或斐氏數。因此，原始的斐波那契數列就是由初始值 $F_1 = F_2 = 1$ 所定義出來的。斐波那契數，多年來經由數學家與科學家的研究，我們發現它不只可以用來描述兔子繁殖的總數，大自然中有許多植物的生長方式，似乎也都包藏了斐波那契數的結構在裡面。比如：松果、鳳梨、蜂巢、花朵的花瓣數目 (典型的有向日葵花瓣)、花朵的花序以及樹葉的葉序等等。因此，我們可以說斐波那契數列的出現，不只在數學上有所貢獻，也讓我們對日常生活中的一些事物有更進一步的瞭解。

在這裡我們很快回顧幾個有關斐波那契數列的基本性質。首先，我們可以經由等比的概念把斐波那契數列每一項的值算出來。在西元 1843 年，比內所提出的公式如下，稱作「比內公式」(Binet's formula)，就是斐波那契最早所得到的數列 $\{F_n\}$。

比內 (Jacques Philippe Marie Binet，1786–1856) 為一位法國數學家。

**定理 3.2.5. (比內公式)** 假設 $\{F_n\}$ 是斐波那契最早得到的數列，則

$$F_n = \frac{1}{\sqrt{5}}\left[\left(\frac{1+\sqrt{5}}{2}\right)^n - \left(\frac{1-\sqrt{5}}{2}\right)^n\right]。$$

本定理的證明放在習題裡，由讀者自行驗證。接著利用比內公式我們便可以很快地得到斐波那契數列 $\{F_n\}$ 一個很重要的性質。也就是說，在斐波那契數列 $\{F_n\}$ 中，相鄰兩數的比值 $F_{n+1}/F_n$ 最終會逼近到一個數 $\Phi$。這個極限值就是著名的「黃金比例」(golden ratio)。底下，我們就來證明這一個敘述。

**定理 3.2.6.** 假設 $\{F_n\}_{n=1}^{\infty}$ 為原始的斐波那契數列，亦即 $F_1 = F_2 = 1$，則 $\lim_{n \to \infty} \frac{F_{n+1}}{F_n} = (1+\sqrt{5})/2$。

**證明：** 直接由比內公式，得到

$$\frac{F_{n+1}}{F_n} = \frac{(\frac{1+\sqrt{5}}{2})^{n+1} - (\frac{1-\sqrt{5}}{2})^{n+1}}{(\frac{1+\sqrt{5}}{2})^n - (\frac{1-\sqrt{5}}{2})^n}$$

$$= \frac{\frac{1+\sqrt{5}}{2} - (\frac{1-\sqrt{5}}{2})(\frac{1-\sqrt{5}}{1+\sqrt{5}})^n}{1 - (\frac{1-\sqrt{5}}{1+\sqrt{5}})^n}。$$

因為 $|\frac{1-\sqrt{5}}{1+\sqrt{5}}| < 1$，所以，

$$\lim_{n \to \infty} \frac{F_{n+1}}{F_n} = \frac{1+\sqrt{5}}{2}。$$

證明完畢。 □

利用數值的方法可以得到黃金比例 $\Phi$ 的近似值如下

$$\Phi = \frac{1+\sqrt{5}}{2} \approx 1.61803398874989484820 \cdots。$$

另外，關於斐波那契數列我們還有一個很有意思的觀察，就是把斐波那契數列的遞迴關係式用矩陣的方式表現出來。

**定理 3.2.7.** 斐波那契數滿足底下的矩陣公式：

$$\begin{pmatrix} F_{n+1} & F_n \\ F_n & F_{n-1} \end{pmatrix} = \begin{pmatrix} 1 & 1 \\ 1 & 0 \end{pmatrix}^n, n \geq 2。$$

**證明：** 我們用廣義數學歸納原理來證明此矩陣公式。當 $n = 2$ 時，

$$\begin{pmatrix} F_3 & F_2 \\ F_2 & F_1 \end{pmatrix} = \begin{pmatrix} 2 & 1 \\ 1 & 1 \end{pmatrix} = \begin{pmatrix} 1 & 1 \\ 1 & 0 \end{pmatrix}^2。$$

假設當 $n = k \geq 2$ 時,這個矩陣公式是成立的,亦即,
$$\begin{pmatrix} F_{k+1} & F_k \\ F_k & F_{k-1} \end{pmatrix} = \begin{pmatrix} 1 & 1 \\ 1 & 0 \end{pmatrix}^k 。$$
現在我們檢驗當 $n = k+1$ 時的情形:
$$\begin{pmatrix} 1 & 1 \\ 1 & 0 \end{pmatrix}^{k+1} = \begin{pmatrix} 1 & 1 \\ 1 & 0 \end{pmatrix}^k \begin{pmatrix} 1 & 1 \\ 1 & 0 \end{pmatrix}$$
$$= \begin{pmatrix} F_{k+1} & F_k \\ F_k & F_{k-1} \end{pmatrix} \begin{pmatrix} 1 & 1 \\ 1 & 0 \end{pmatrix}$$
$$= \begin{pmatrix} F_{k+2} & F_{k+1} \\ F_{k+1} & F_k \end{pmatrix} 。$$

所以,這個矩陣公式對任意正整數 $n \geq 2$ 都成立。證明完畢。 □

讀者如果想知道更多有關斐波那契數列的性質,可以參閱文獻 [1] 的第五章。

在結束本節之前,我們再敘述一個大眾耳熟能詳的例子,就是「河內塔」(tower of Hanoi) 謎。河內塔是一種腦力激盪的遊戲。簡單地說,在一塊板子上面我們釘上三根直立的木棒。然後在右邊的木棒上放置 $n$ 個內徑相等,外徑不等的環狀物。外徑越大的必須放在越下面,如圖 3.2.1 ($n = 6$)。

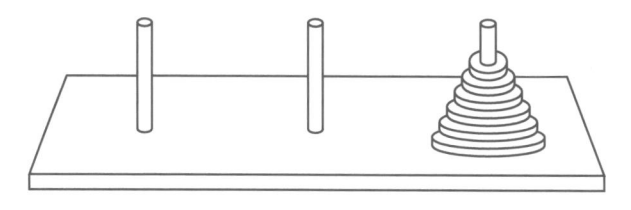

圖 3.2.1

在圖 3.2.1 中,有六個大小不一的環狀物放置在最右邊的木棒上。外徑越大的放在越下面形成一個金字塔狀。遊戲的規則就是把

這些環狀物每次移動一個,最終要把整個金字塔狀的環狀物移到最左邊的木棒上。而且在移動的過程中,必須遵守外徑大的一定要放在下面的原則。因此,有必要在板子上面多釘上一根直立的木棒,共三根木棒,來完成此置換。

這樣的置換有可能完成嗎?答案是肯定的。我們甚至於可以把移動的次數經由遞迴的方式寫出來。令 $A_n$ 表示,在有 $n$ 個環狀物時,能完成此置換的最少次數。因此,當 $n = 1$ 時,我們可以直接把此環狀物自最右邊的木棒上移到最左邊的木棒上,得到 $A_1 = 1$。當 $n \geq 1$ 時,$A_n$ 就是能完成此置換的最少次數。現在,考慮最右邊的木棒上有 $n+1$ 個環狀物的情形。首先,透過遞迴的假設,我們可以用 $A_n$ 次把上面 $n$ 個環狀物所形成的金字塔完整地移到中間的木棒上。接著,把底下外徑最大的環狀物直接自最右邊的木棒上移到最左邊的木棒上。最後,重複第一個步驟,把中間木棒上 $n$ 個環狀物所形成的金字塔,再經過 $A_n$ 次,完整地移到最左邊的木棒上。這樣便完成了此置換,同時推得 $A_{n+1} = 2A_n + 1$。也就是說,河內塔遊戲之最少的移動次數 $\{A_n\}$ 是可以由下面的遞迴數列

$$A_1 = 1 \text{,} A_{n+1} = 2A_n + 1 \text{,} n \geq 1$$

表現出來。

底下是與本節內容相關的一些習題。

**習題 3.2.1.** 證明 $\sum_{k=1}^{n}(2k-1) = n^2$。

**習題 3.2.2.** 假設 $a_1 = 1$,$a_2 = 1$,$a_{n+1} = a_n + 2a_{n-1}$,$n \geq 2$。證明 3 整除 $a_n$ 若且唯若 3 整除 $n$。

**習題 3.2.3.** 假設 $a_1 = 1$,$a_n = (3a_{n-1}+1)^{1/2}$,$n \geq 2$。證明 $a_n < 4$,對於所有 $n \in \mathbb{N}$ 都成立。

**習題 3.2.4.** 證明,當 $n \geq 2$ 時,$\frac{1}{\sqrt{1}} + \frac{1}{\sqrt{2}} + \frac{1}{\sqrt{3}} + \cdots + \frac{1}{\sqrt{n}} > \sqrt{n}$。

下面習題中的數列 $\{F_n\}$ 為原始的斐波那契數列。

**習題 3.2.5.** 證明比內公式 (定理 3.2.5)。

**習題 3.2.6.** 證明 $\gcd(F_n, F_{n+1}) = 1$,$n \geq 1$,亦即,$F_n$ 和 $F_{n+1}$ 是互質的。

**習題 3.2.7.** 證明 $F_1 + F_2 + F_3 + \cdots + F_n = F_{n+2} - 1$。

**習題 3.2.8.** 證明 $F_1 + F_3 + F_5 + \cdots + F_{2n-1} = F_{2n}$。

**習題 3.2.9.** 證明 $F_2 + F_4 + F_6 + \cdots + F_{2n} = F_{2n+1} - 1$。

**習題 3.2.10.** 證明 $F_1^2 + F_2^2 + F_3^2 + \cdots + F_n^2 = F_n F_{n+1}$。

## §3.3 簡易數論

在本章第一節裡,我們證明了整數除法算則,並以此算則為基準,得到二個不全為 0 之整數 $m$ 與 $n$ 的最大公因數 $\gcd(m,n)$。底下我們直接證明最大公因數 $\gcd(m,n)$ 可以經由 $m$ 與 $n$ 各別與整數相乘,再相加的表示法。

**定理 3.3.1.** 假設 $m$ 與 $n$ 為二個不全為 0 的整數，令 $S = \{\alpha m + \beta n \mid \alpha, \beta$ 為整數$\}$，則 $\gcd(m,n)$ 為 $S$ 裡的最小正整數。

**證明：** 因為 $m$ 與 $n$ 為二個不全為 0 的整數，所以，$m^2 + n^2 > 0$ 且 $m^2 + n^2 \in S$，得到 $T = S \cap \mathbb{N} \neq \emptyset$。因此，由自然數良序原理知道，$T$ 有一個最小的元素 $d$，且 $d = xm + yn$，其中 $x$、$y$ 為整數。

由於 $d > 0$，利用整數除法算則，得到

$$m = dq + r，$$

其中 $q$ 為一整數，$0 \leq r < d$。所以，

$$r = m - dq = m - (xm + yn)q = (1 - xq)m + (-yq)n \in S。$$

如果 $r > 0$，則 $r \in T$。這樣便與 $d$ 是 $T$ 裡最小的元素相互矛盾。因此，得到 $r = 0$，也就是說，$d$ 整除 $m$。同理也可以推得 $d$ 整除 $n$。

現在，如果 $c$ 是一個正整數整除 $m$ 與 $n$，則 $m = ac$，$n = bc$，$a$ 與 $b$ 為整數。因此，得到

$$d = xm + yn = xac + ybc = (xa + yb)c。$$

這說明了 $c$ 整除 $d$。所以，由定理 3.1.10 知道，$d = \gcd(m,n)$。證明完畢。 □

定理 3.3.1 證明了存在整數 $x$ 與 $y$ 使得 $xm + yn = \gcd(m,n)$。但是，注意到 $x$ 與 $y$ 不是唯一的，如下例所示：$m = 2$，$n = 3$，$\gcd(2,3) = 1$。但是，我們可以把 1 寫成

$$1 = 2 \times 2 + (-1) \times 3 = (-1) \times 2 + 1 \times 3。$$

在這裡我們先回顧一下互質的定義。我們稱二個不為 0 之整數 $m$ 與 $n$ 互質，如果 $\gcd(m,n) = 1$。底下是幾個直接的推論。

## §3.3 簡易數論

**推論 3.3.2.** 假設 $a$、$b$ 與 $c$ 為整數，且 $a$ 與 $b$ 互質。如果 $a|bc$，則 $a|c$。

**證明：** 因為 $a$ 與 $b$ 互質，依據定理 3.3.1，存在整數 $x$ 與 $y$ 使得 $ax + by = 1$。因此，$c = acx + bcy$。現在，由假設 $a|bc$，推得 $a$ 整除 $acx + bcy$，亦即，$a|c$。證明完畢。 □

**推論 3.3.3.** 假設 $p$ 為一質數，$a$ 為一整數。如果 $p$ 不整除 $a$，則 $p$ 與 $a$ 互質。

**證明：** 令 $\gcd(p, a) = d$。因為 $d$ 是 $p$ 的一個因數，且 $p$ 為一質數，推得 $d = p$ 或 $d = 1$。如果 $d = p$，則 $p$ 整除 $a$。這與假設相互矛盾。所以 $d = 1$，亦即，$p$ 與 $a$ 互質。證明完畢。 □

**推論 3.3.4.** 假設 $p$ 為一質數，$b$ 與 $c$ 為整數，且 $p|bc$，則 $p|b$ 或 $p|c$。

**證明：** 如果 $p$ 不整除 $b$，由推論 3.3.3 得知，$p$ 與 $b$ 互質。接著，再由推論 3.3.2，得到 $p|c$。證明完畢。 □

**推論 3.3.5.** 假設 $p$ 為一質數，$a_j$ ($1 \leq j \leq n$) 為整數，且 $p|a_1 a_2 \cdots a_n$，則存在 $j$，$1 \leq j \leq n$，使得 $p|a_j$。

**證明：** 我們使用數學歸納原理來證明此推論。當 $n = 1$ 時，結論是必然的。當 $n = 2$ 時，即為推論 3.3.4。現在，我們假設 $n = k \geq 2$ 時，此命題成立。當 $n = k+1$ 時，假設 $p|a_1 a_2 \cdots a_k a_{k+1}$。這時候我們可以把 $a_1 a_2 \cdots a_k$ 視為一個整數 $b$。因此，得到 $p|b a_{k+1}$。接著，利用推論 3.3.4，推得 $p|b$ 或 $p|a_{k+1}$。如果 $p|b$，則由歸納的假設即可

推得存在一個 $j$，$1 \leq j \leq k$，使得 $p|a_j$。因此，當 $n = k+1$ 時，此命題也成立。證明完畢。 □

**定理 3.3.6.** 假設 $a$、$b$ 與 $c$ 為整數，且 $a$ 與 $b$ 互質。如果 $a|c$ 且 $b|c$，則 $ab|c$。

**證明：** 首先，由假設 $a|c$ 得知，存在整數 $m$ 使得 $c = am$，得到 $b|am$。又因為 $a$ 與 $b$ 互質，由推論 3.3.2 得到 $b|m$。也就是說，存在一個整數 $x$ 使得 $m = bx$。因此，推得 $c = abx$，亦即，$ab|c$。證明完畢。 □

利用定理 3.3.6 與數學歸納原理可以推得下面的結論。

**推論 3.3.7.** 假設 $c$ 為一整數，$m_1, m_2, \cdots, m_n$ $(n > 1)$ 為兩兩互質的整數，且 $m_j|c$ $(1 \leq j \leq n)$，則 $\prod_{j=1}^{n} m_j | c$。

**定理 3.3.8.** 在自然數 N 裡有無窮多個質數。

**證明：** 假設在 N 裡只有有限多個質數，記為 $p_1, p_2, \cdots, p_m$。令 $L = p_1 p_2 \cdots p_m + 1$。注意到 $L > 1$。因此，由定理 3.1.6 推得 $L$ 有一個質數因數 (簡稱為質因數) $p_j$ $(1 \leq j \leq m)$。由於 $1 = L - p_1 p_2 \cdots p_m$，所以，$p_j|1$，得到一個矛盾。是以在自然數 N 裡有無窮多個質數。證明完畢。 □

**定理 3.3.9. (算數基本定理)** 任意一個大於 1 的正整數都可以表為有限個質因數的乘積。如果不計質因數的順序，則此表示法是唯一的。

## §3.3 簡易數論

**證明：** 首先，此命題的存在性證明可以透過廣義數學歸納原理 II 來完成，即定理 3.1.6。因此，任意一個大於 1 的正整數都可以表為有限個質因數的乘積。

唯一性的證明：令 $x > 1$ 為一正整數。假設

$$x = p_1 p_2 \cdots p_n = q_1 q_2 \cdots q_m， \tag{3.3.1}$$

其中 $p_i$、$q_j$ $(1 \leq i \leq n，1 \leq j \leq m)$ 皆為質數。我們可以假設 $n \leq m$，且 $p_1 \leq p_2 \leq \cdots \leq p_n$，$q_1 \leq q_2 \leq \cdots \leq q_m$。因為 $p_1 | q_1 q_2 \cdots q_m$，依據推論 3.3.5，$p_1$ 整除某一個 $q_j$ $(1 \leq j \leq m)$。又因為 $p_1$ 與 $q_j$ 都是質數，得到 $p_1 = q_j \geq q_1$。反過來說，我們也可以得到 $q_1 \geq p_1$。因此，$p_1 = q_1$。是以自 (3.3.1) 中約掉 $p_1$ 後，得到

$$p_2 p_3 \cdots p_n = q_2 q_3 \cdots q_m。$$

當我們重複以上的論證 $n$ 次，便得到 $p_1 = q_1$，$p_2 = q_2$，$\cdots$，$p_n = q_n$。因此，如果 $n < m$，則在 (3.3.1) 中約掉 $p_1$，$\cdots$，$p_n$ 後就會得到 $1 = q_{n+1} \cdots q_m$。這是一個矛盾。所以，$n = m$，且 $p_i = q_i$ 對於每一個 $i$ $(1 \leq i \leq n)$ 都成立。證明完畢。 $\square$

所以，由算數基本定理，任意一個大於 1 的正整數 $n$ 都可表為

$$n = \prod_{j=1}^{m} p_j^{\alpha_j}，$$

其中 $p_j$ $(1 \leq j \leq m)$ 為質數滿足 $p_1 < p_2 < \cdots < p_m$，$\alpha_j$ $(1 \leq j \leq m)$ 則為正整數，且此表示法是唯一的。

**例 3.3.10.** 經由算數基本定理，底下是幾個正整數唯一的質因數乘積表示法。

$$256 = 2^8,$$
$$198 = 2 \times 3^2 \times 11,$$
$$156975 = 3 \times 5^2 \times 7 \times 13 \times 23。$$

**例 3.3.11.** 假設 $m$ 與 $n$ 為二個正整數，且其質因數乘積表示如下：
$$m = p_1^{\alpha_1} p_2^{\alpha_2} \cdots p_k^{\alpha_k},$$
$$n = p_1^{\beta_1} p_2^{\beta_2} \cdots p_k^{\beta_k},$$
其中 $p_j$ ($1 \leq j \leq k$) 為相異質數，$\alpha_j$、$\beta_j$ ($1 \leq j \leq k$) 為非負整數。很明顯地，我們有
$$\gcd(m,n) = p_1^{\gamma_1} p_2^{\gamma_2} \cdots p_k^{\gamma_k},$$
其中 $\gamma_j = \min\{\alpha_j, \beta_j\}$ ($1 \leq j \leq k$)。符號 $\min\{a,b\}$ 表示 $a$ 與 $b$ 中較小的數。如果以例 3.1.11 來講，$m = 7296$，$n = 1330$。因此，
$$7296 = 2^7 \times 3 \times 19,$$
$$1330 = 2 \times 5 \times 7 \times 19。$$
所以，$\gcd(7296, 1330) = 2 \times 19 = 38$。

利用本節的論述，我們可以對一般整係數二元一次方程式 $ax + by = c$ 的整數解作一些討論。

**定理 3.3.12.** 假設 $a$、$b$ 與 $c$ 為整數，$d = \gcd(a,b)$，則
(i) 方程式 $ax + by = c$ 有整數解若且唯若 $d$ 整除 $c$。
(ii) 如果 $d$ 整除 $c$ 且 $x = x_0$ 與 $y = y_0$ 為一整數解，則方程式 $ax + by = c$ 有無窮多個整數解，表示如下：$x = x_0 + (b/d)t$，$y = y_0 - (a/d)t$，其中 $t$ 為一整數。

**證明：**我們不妨假設 $a$、$b$ 與 $c$ 都不為 $0$，否則論證將更為直接。(i) 首先，由假設 $d = \gcd(a,b)$，得到整數 $m$ 與 $n$ 使得 $a = dm$，$b = dn$。如果方程式 $ax + by = c$ 有整數解 $x$ 與 $y$，則

$$c = ax + by = dmx + dny = d(mx + ny)。$$

所以，$d$ 整除 $c$。

反過來說，假設 $d$ 整除 $c$，亦即，$c = dl$，$l$ 為一整數。由於 $d = \gcd(a,b)$，得到 $1 = \gcd(m,n)$。因此，存在整數 $\alpha$ 與 $\beta$ 滿足 $\alpha m + \beta n = 1$。兩邊各乘以 $c$，得到

$$c = \alpha mc + \beta nc = \alpha mdl + \beta ndl = a(\alpha l) + b(\beta l)。$$

所以，方程式 $ax + by = c$ 有整數解 $x = \alpha l$，$y = \beta l$。

(ii) 假設 $d$ 整除 $c$，且 $x_0$ 與 $y_0$ 為一整數解。很明顯地，$x = x_0 + (b/d)t$，$y = y_0 - (a/d)t$，其中 $t$ 為一整數，都是整數解。因此，方程式 $ax + by = c$ 有無窮多個整數解。反過來說，如果 $x$ 與 $y$ 為方程式 $ax + by = c$ 之一整數解，則 $ax + by = c = ax_0 + by_0$，亦即，$a(x - x_0) = b(y_0 - y)$。因此，得到 $(a/d)(x - x_0) = (b/d)(y_0 - y)$。由於 $a/d$ 與 $b/d$ 互質，依據推論 3.3.2，所以 $b/d$ 整除 $x - x_0$。也就是說，存在一整數 $t$ 使得

$$x - x_0 = \frac{b}{d}t，$$

亦即，$x = x_0 + (b/d)t$。接著，利用此等式便可得到 $y_0 - y = (a/d)t$，亦即，$y = y_0 - (a/d)t$。證明完畢。 $\square$

**例 3.3.13.** 求方程式 $288x + 51y = 0$ 所有之整數解。

由算數基本定理，把 288 與 51 寫成質因數的乘積如下：
$$288 = 2^5 \times 3^2,$$
$$51 = 3 \times 17。$$

再由例 3.3.11 所示，便得到 $\gcd(288, 51) = 3$。因為 3 整除 9，所以，由定理 3.3.12 知道，可以算出方程式 $288x + 51y = 9$ 有一整數解 $x_0 = -9$，$y_0 = 51$，且所有之整數解可以表示為：
$$x = -9 + 17t,$$
$$y = 51 - 96t,$$

其中 $t$ 為一整數。

底下是與本節內容相關的一些習題。

**習題 3.3.1.** 證明推論 3.3.7。

**習題 3.3.2.** 假設 $p_j$ ($1 \leq j \leq m$) 為質數。證明 $(\prod_{j=1}^{m} p_j)^{1/2}$ 為一無理數。

**習題 3.3.3.** 假設 $n$ 為一正整數，$a$ 為一整數滿足 $\gcd(a, n) = 1$。如果 $c$ 為一整數，證明存在一整數 $m$ 使得 $am - c$ 可以被 $n$ 整除。

**習題 3.3.4.** 證明 $\gcd(5n + 2, 12n + 5) = 1$，對於每一個整數 $n$ 都成立。

**習題 3.3.5.** 假設 $m$ 與 $n$ 為整數滿足 3 整除 $m^2 + n^2$。證明 3 整除 $m$ 且 3 整除 $n$。

**習題 3.3.6.** 證明存在無窮多個形式為 $4n+3$ ($n \in \mathbb{N}$) 的質數。

**習題 3.3.7.** 證明下列方程式沒有整數解：

(a) $6x + 15y = 41$。
(b) $60x + 36y = 87$。
(c) $21x + 14y = 145$。

**習題 3.3.8.** 求下列方程式之所有整數解：

(a) $20x + 50y = 110$。
(b) $17x + 13y = 50$。
(c) $738x + 621y = 45$。

## §3.4 參考文獻

1. 程守慶，數學：讀、想，華藝學術出版部，新北市，臺灣，2020。

2. Fletcher, P. and Patty, C. W., Foundations of Higher Mathematics, Third Edition, Brooks/Cole, Pacific Grove, CA, 1996.

# 第 4 章　函數

## §4.1　函數的定義

　　函數的概念可以說是數學裡最基本且重要的概念之一。簡單地說，如果 $A$、$B$ 為二個類，一個自 $A$ 到 $B$ 的函數 $f$ 就是一個對應，把 $A$ 裡的每一個元素 $x$ 對應到 $B$ 中唯一的一個元素 $y$，通常我們會以符號 $y = f(x)$ 來代表此函數 $f$。這也意味著，如果我們把這些序對 $(x, f(x))$，$x \in A$，聚合在一起就會形成乘積類 $A \times B$ 的一個子類 $G$ 如下：
$$G = \{(x, f(x)) \mid x \in A\} \subseteq A \times B，$$
亦即，$G$ 是包含於乘積類 $A \times B$ 的一個圖。因此，一個函數與它的圖基本上是一體的兩面，無法區分彼此的。也就是說，如果我們要定義一個函數是可以從包含於乘積類 $A \times B$ 的圖來著手。好處之一就是可以避掉如何再去定義函數的對應。底下就是我們給函數的一個定義。

**定義 4.1.1.** 假設 $A$ 與 $B$ 為二個類。一個自 $A$ 到 $B$ 的函數 $f$ 指的就是乘積類 $A \times B$ 的一個子類，滿足下列二條件：

　　F1　對於任意 $x \in A$，存在一個元素 $y \subset B$，使得 $(x, y) \in f$。

**F2.** 如果 $(x, y_1) \in f$ 且 $(x, y_2) \in f$，則 $y_1 = y_2$。

通常我們把一個自 $A$ 到 $B$ 的函數 $f$ 寫成 $f : A \to B$。

由於集合就是一個類，所以定義 4.1.1 其實就已經定義了一個自集合 $A$ 到集合 $B$ 的函數 $f : A \to B$。如果 $(x, y) \in f$，我們便稱 $y$ 是 $x$ 的像 (image)，記為 $y = f(x)$，也稱 $x$ 是 $y$ 的逆像或原像 (inverse image or preimage)，相對於函數 $f$。因此，如果 $A$、$B$ 為二個集合，$f : A \to B$ 為一個函數，則對於任意一個元素 $x \in A$，存在唯一的一個 $y \in B$ 使得 $(x, y) \in f$。因此，定義 4.1.1 裡的二個條件也可以寫成：

**F1.** 對於任意 $x \in A$，存在一個元素 $y \in B$，使得 $y = f(x)$。

**F2.** 如果 $y_1 = f(x)$ 且 $y_2 = f(x)$，則 $y_1 = y_2$。

原則上，從現在開始我們將把討論侷限在集合與集合之間的函數。

**定理 4.1.2.** 假設 $A$、$B$ 為二個集合，$f$ 為一個圖，則 $f$ 為一個自 $A$ 到 $B$ 的函數若且唯若條件 F2 成立，$\operatorname{dom} f = A$ 且 $\operatorname{ran} f \subseteq B$。

**證明：**假設 $\operatorname{dom} f = A$ 且 $\operatorname{ran} f \subseteq B$。因此，如果 $x \in A = \operatorname{dom} f$，經由圖的定義域與值域的定義，則存在一個元素 $y$ 使得 $(x, y) \in f$，亦即，$y \in \operatorname{ran} f \subseteq B$。這表示條件 F1 是成立的。另外，條件 F2 的成立是由假設來保證。所以，$f$ 為一個自 $A$ 到 $B$ 的函數。

反過來說，如果 $f$ 為一個自 $A$ 到 $B$ 的函數，依據函數的定義，得到條件 F2 是成立的。接著，由條件 F1，$A \subseteq \operatorname{dom} f$。另一方面，如果 $x \in \operatorname{dom} f$，則存在一個元素 $y$ 使得 $(x, y) \in f \subseteq A \times B$，得到

## §4.1 函數的定義

$x \in A$。所以,$A = \text{dom } f$。同樣地,如果 $y \in \text{ran } f$,則存在一個元素 $x$ 使得 $(x,y) \in f \subseteq A \times B$,得到 $\text{ran } f \subseteq B$。證明完畢。 □

因此,當 $f : A \to B$ 為一個函數時,$A$ 是 $f$ 的定義域且 $B$ 包含 $f$ 的值域。是以我們把 $B$ 稱為 $f$ 的對應域 (codomain)。一個簡單的推論如下。

**推論 4.1.3.** 假設 $f : A \to B$ 為一個函數。如果 $C$ 是一個集合滿足 $\text{ran } f \subseteq C$,則 $f : A \to C$ 是一個函數。

**定理 4.1.4.** 假設 $f : A \to B$、$g : A \to B$ 為二個函數,則 $f = g$ 若且唯若 $f(x) = g(x)$,對於每一個 $x \in A$ 都成立。

**證明:** 假設 $f = g$。對於每一個 $x \in A$,存在一個 $y \in B$ 使得 $y = f(x)$。因為 $f = g$,便可以由 $(x,y) \in f = g$ 推得 $(x,y) \in g$。所以,$y = g(x)$。也就是說,$f(x) = g(x)$。

現在,假設 $f(x) = g(x)$,對於每一個 $x \in A$ 都成立。如果 $(x,y) \in f$,則依據函數的定義得到 $y = f(x)$。因此,$y = g(x)$,亦即,$(x,y) \in g$。所以,$f \subseteq g$。同理也可以推得 $g \subseteq f$。因此,$f = g$。證明完畢。 □

接下來,我們要定義幾個關於函數的名詞,這對於後續的一些討論是有其必要性與重要性。

**定義 4.1.5.** 一個函數 $f : A \to B$ 被稱為一對一 (one-to-one) 或單射 (injective) 函數,如果 $(x_1,y) \in f$ 且 $(x_2,y) \in f$ 時,則 $x_1 = x_2$。

也就是說,如果 $f : A \to B$ 為一個一對一函數,則每一個 $y \in B$

至多只有一個逆像 $x$ 使得 $(x,y) \in f$。我們也可以把一對一函數的定義敘述成：如果 $x_1, x_2 \in A$ 滿足 $f(x_1) = f(x_2)$，則 $x_1 = x_2$。

**定義 4.1.6.** 一個函數 $f : A \to B$ 被稱為映成 (onto) 或滿射 (surjective) 函數，如果對於每一個 $y \in B$ 都存在一個 $x \in A$ 使得 $(x,y) \in f$。

也就是說，如果 $f : A \to B$ 為一個映成函數，則每一個 $y \in B$ 至少會有一個逆像。當然，這也說明了 $f : A \to B$ 為一個映成函數若且唯若 $B = \operatorname{ran} f$。

**定義 4.1.7.** 如果 $f : A \to B$ 同時是一個一對一且映成的函數，我們便稱 $f$ 為一個對射 (bijective) 函數。

當 $f : A \to B$ 為一個一對一且映成的函數時，每一個 $y \in B$ 正好只有唯一的一個逆像。因此，在這個時候我們也說 $f$ 是 $A$ 與 $B$ 之間的一個一對一的對應 (one-to-one correspondence)。

底下則是一些典型且常見的例子。

**例 4.1.8.** 假設 $A$ 為一個集合。定義一個自 $A$ 到 $A$ 的恆等函數 $\iota_A$ (identity function) 如下：
$$\iota_A : A \to A$$
$$x \mapsto x,$$
也就是說，
$$\iota_A = \{(x,x) \mid x \in A\}。$$
不難看出恆等函數 $\iota_A$ 是一個一對一且映成的函數。

## §4.1 函數的定義

**例 4.1.9.** 假設 $A$、$B$ 為二個集合,且 $A \subseteq B$。定義一個自 $A$ 到 $B$ 的包含函數 $\iota$ (inclusion function or map) 如下:

$$\iota : A \to B$$
$$x \hookrightarrow x,$$

也就是說,

$$\iota = \{(x, x) \mid x \in A\}。$$

包含函數 $\iota$ 是一個一對一的函數。但是,當 $A \subsetneq B$ 時,$\iota$ 不是一個映成的函數。

**例 4.1.10.** 假設 $A$、$B$ 為二個集合,且 $b \in B$。定義一個自 $A$ 到 $B$ 的常數函數 $C_b$ (constant function) 如下:

$$C_b : A \to B$$
$$x \mapsto b,$$

也就是說,

$$C_b = \{(x, b) \mid x \in A\}。$$

因此,常數函數 $C_b$ 滿足 $C_b(x) = b$,對於每一個 $x \in A$ 都成立。一般而言,當集合 $A$ 與 $B$ 裡的元素不只一個時,常數函數不是一個一對一的函數,也不是一個映成的函數。

**例 4.1.11.** 假設 $A$、$B$ 為二個集合,且 $B \subseteq A$。令 $C = \{0, 1\}$。定義 $B$ 在 $A$ 上的特徵函數 $\chi_B$ (characteristic function) 如下:

$$\chi_B : A \to C$$
$$x \mapsto \chi_B(x),$$

其中

$$\chi_B(x) = \begin{cases} 1, & \text{如果 } x \in B, \\ 0, & \text{如果 } x \notin B。 \end{cases}$$

**例 4.1.12.** 假設 $f: A \to B$ 為一個函數，$C \subseteq A$ 為 $A$ 的一個子集合。我們說把 $f$ 限制在 $C$ 指的就是函數

$$f|_C : C \to B$$
$$x \mapsto f(x) \text{，}$$

也就是說，$f|_C = \{(x, y) \mid (x, y) \in f \text{ 且 } x \in C\}$。因此，$f|_C \subseteq f$。

**定理 4.1.13.** 假設 $A$、$B$ 與 $C$ 為三個集合滿足 $A \cap B = \emptyset$，且 $f: A \to C$ 與 $g: B \to C$ 皆為函數。令 $h = f \cup g$，則

(i) $h: A \cup B \to C$ 為一個函數，
(ii) $f = h|_A$ 且 $g = h|_B$，
(iii) 如果 $x \in A$，則 $h(x) = f(x)$；如果 $x \in B$，則 $h(x) = g(x)$。

**證明：** 首先，證明 (i)。由定理 2.4.5，即可得

$$\text{dom } h = \text{dom } f \cup \text{dom } g = A \cup B \text{，}$$

與

$$\text{ran } h = \text{ran } f \cup \text{ran } g \subseteq C \text{。}$$

接著，由 $h = f \cup g$，可以得到下面二個明顯的事實：

(I) $(x, y) \in h$ 且 $x \in A$ 若且唯若 $(x, y) \in f$，

(II) $(x, y) \in h$ 且 $x \in B$ 若且唯若 $(x, y) \in g$。

因為當 $(x, y) \in h$ 且 $x \in A$ 時，如果 $(x, y) \in g$，則 $x \in \text{dom } g = B$。由於 $A \cap B = \emptyset$，得到一個矛盾。所以，$(x, y) \in f$。反過來說，如果 $(x, y) \in f$，則 $(x, y) \in h$ 且 $x \in \text{dom } f = A$。這說明了 (I) 是成立的。同理也可以證得 (II)。

## §4.1 函數的定義

因此，當 $(x, y_1) \in h$ 且 $(x, y_2) \in h$ 時，如果 $x \in A$，則由 (I) 知道 $(x, y_1) \in f$ 且 $(x, y_2) \in f$。因為 $f$ 是一個函數，所以，$y_1 = y_2$。如果 $x \in B$，則由 (II) 也可以得到 $y_1 = y_2$。所以，(i) 的證明就完成了。

最後，(ii) 與 (iii) 都可以由 (I) 與 (II) 推得。證明完畢。 $\square$

底下是與本節內容相關的一些習題。

**習題 4.1.1.** 假設 $A$ 為一個集合。令 $f = \{(x, (x, x)) \mid x \in A\}$。證明 $f$ 為一個自 $A$ 到 $\iota_A$ 的對射函數。

**習題 4.1.2.** 假設 $f : A \to B$、$g : A \to B$ 為二個函數。如果 $f \subseteq g$，證明 $f = g$。

**習題 4.1.3.** 假設 $A$、$B$ 與 $C$ 為三個集合，$f : A \cup B \to C$ 為一個函數，則 $f = f|_A \cup f|_B$。

**習題 4.1.4.** 假設 $A$、$B$、$C$ 與 $D$ 為四個集合滿足 $A \cap C = \emptyset$、$B \cap D = \emptyset$，且 $f : A \to B$ 與 $g : C \to D$ 為二個對射函數。令 $h = f \cup g$。證明 $h : A \cup C \to B \cup D$ 為一個對射函數。

**習題 4.1.5.** 令 $A$、$B$ 與 $C$ 為三個集合。假設 $f : A \to C$ 與 $g : B \to C$ 為二個函數，且 $f|_{A \cap B} = g|_{A \cap B}$。如果 $h = f \cup g$，證明 $h : A \cup B \to C$ 為一個函數，且 $f = h|_A$，$g = h|_B$。

**習題 4.1.6.** 假設 $A$、$B$、$C$ 與 $D$ 為四個集合，且 $f : A \to B$ 與 $g : C \to D$ 為二個函數。定義 $f$ 與 $g$ 的乘積 $f \cdot g : A \times C \to B \times D$

如下：

$$(f \cdot g)(x,y) = (f(x), g(y)),\ \text{對於每一個}\ (x,y) \in A \times C\ \text{。}$$

(a) 證明 $f \cdot g$ 為一個函數。
(b) 如果 $f$ 與 $g$ 為一對一函數，證明 $f \cdot g$ 為一對一函數。
(c) 如果 $f$ 與 $g$ 為映成函數，證明 $f \cdot g$ 為映成函數。
(d) 證明 $\text{ran}\,(f \cdot g) = (\text{ran}\,f) \times (\text{ran}\,g)$。

## §4.2　合成函數與反函數

由於函數基本上就是一個圖，因此，透過圖的合成，我們也可以合成二個函數，得到下面的定理。

**定理 4.2.1.** 假設 $A$、$B$ 與 $C$ 為三個集合，且 $f: A \to B$ 與 $g: B \to C$ 為二個函數，則 $g \circ f: A \to C$ 為一個函數。

**證明：** 由定理 2.3.11 可推得 $\text{dom}\,g \circ f = \text{dom}\,f = A$ 與 $\text{ran}\,g \circ f \subseteq \text{ran}\,g \subseteq C$。現在，如果 $(x, z_1) \in g \circ f$ 且 $(x, z_2) \in g \circ f$，則存在 $y_1$ 使得 $(x, y_1) \in f$、$(y_1, z_1) \in g$ 與存在 $y_2$ 使得 $(x, y_2) \in f$、$(y_2, z_2) \in g$。因為 $f$ 與 $g$ 都是函數，所以馬上得到 $y_1 = y_2$，再推得 $z_1 = z_2$。這說明了 $g \circ f: A \to C$ 是一個函數。證明完畢。 □

通常我們稱 $g \circ f$ 為 $g$ 與 $f$ 的合成函數 (composite function)。對於任意 $x \in A$，我們也有 $(g \circ f)(x) = g(f(x))$。

**定義 4.2.2.** 假設 $A$、$B$ 為二個集合。我們說函數 $f: A \to B$ 為可逆的 (invertible)，如果 $f^{-1}: B \to A$ 為一個函數。

## §4.2 合成函數與反函數

一般我們稱 $f^{-1}$ 為 $f$ 的反函數 (inverse function)。依據圖 $f^{-1}$ 的定義，$(x,y) \in f$ 若且唯若 $(y,x) \in f^{-1}$。因此，當函數 $f: A \to B$ 為可逆時，$\text{dom } f^{-1} = B$ 必須成立，亦即，$\text{ran } f = B$。同時，對於任意 $x \in A$，$y = f(x)$ 若且唯若 $x = f^{-1}(y)$。

**定理 4.2.3.** 假設 $A$ 與 $B$ 為二個集合。如果 $f: A \to B$ 為一個對射函數，則 $f^{-1}: B \to A$ 為一個對射函數。

**證明：** 因為 $f: A \to B$ 為一對一且映成的函數，所以 $\text{dom } f = A$ 且 $\text{ran } f = B$。因此，由定理 2.3.11 得知，$\text{dom } f^{-1} = B$ 與 $\text{ran } f^{-1} = A$。接著，我們檢驗條件 F2。假設 $(y, x_1) \in f^{-1}$ 且 $(y, x_2) \in f^{-1}$，則 $(x_1, y) \in f$ 且 $(x_2, y) \in f$。因為 $f$ 為一對一函數，所以，$x_1 = x_2$。因此，經由定理 4.1.2，首先得到 $f^{-1}: B \to A$ 為一個函數。

關於 $f^{-1}$ 的一對一性質，如果 $(y_1, x) \in f^{-1}$ 且 $(y_2, x) \in f^{-1}$，則 $(x, y_1) \in f$ 且 $(x, y_2) \in f$，得到 $y_1 = y_2$。所以，$f^{-1}$ 是一對一的函數。又因為 $\text{ran } f^{-1} = A$，所以，$f^{-1}: B \to A$ 也是一個對射函數。證明完畢。 □

**定理 4.2.4.** 假設 $A$ 與 $B$ 為二個集合。如果函數 $f: A \to B$ 為可逆的，則 $f: A \to B$ 為一個對射函數。

**證明：** 首先，依據定義 4.2.2，得到 $\text{ran } f = B$。所以，$f$ 為一個映成函數。當 $(x_1, y) \in f$、$(x_2, y) \in f$ 時，得到 $(y, x_1) \in f^{-1}$ 且 $(y, x_2) \in f^{-1}$。因為 $f^{-1}$ 為一個函數，得到 $x_1 = x_2$。也就是說，$f$ 是一對一且映成的函數，亦即，一個對射函數。證明完畢。 □

**定理 4.2.5.** 假設函數 $f: A \to B$ 為可逆的，則 (i) $f^{-1} \circ f = \iota_A$；(ii) $f \circ f^{-1} = \iota_B$。

本定理的證明是很明顯的，由讀者自行驗證。

**定理 4.2.6.** 假設 $f:A\to B$ 與 $g:B\to A$ 為二個函數。如果 $g\circ f=\iota_A$ 且 $f\circ g=\iota_B$，則 $f$ 為一個對射函數且 $g=f^{-1}$。

**證明：**如果 $x_1,x_2\in A$ 滿足 $f(x_1)=f(x_2)$，則
$$x_1=\iota_A(x_1)=(g\circ f)(x_1)=g(f(x_1))=g(f(x_2))=(g\circ f)(x_2)$$
$$=\iota_A(x_2)=x_2。$$
所以，$f$ 是一個一對一函數。

如果 $y\in B$，則
$$y=\iota_B(y)=(f\circ g)(y)=f(g(y))，$$
得到 $f$ 是一個映成函數。因此，$f$ 為一個對射函數。

最後，若 $y\in B$，令 $x=g(y)$，則 $f(x)=f(g(y))=(f\circ g)(y)=\iota_B(y)=y$。因此，$(x,y)\in f$，得到 $x=f^{-1}(y)$。反過來說，如果 $x=f^{-1}(y)$，則 $g(y)=g(f(x))=(g\circ f)(x)=\iota_A(x)=x$。是以，對任意 $y\in B$，$g(y)=f^{-1}(y)$，亦即，$g=f^{-1}$。證明完畢。 □

因此，由前面幾個定理我們便可以得到一個結論：

$f:A\to B$ 為可逆的函數

$\Leftrightarrow f$ 為一個對射函數

$\Leftrightarrow$ 存在一個函數 $g:B\to A$ 使得 $g\circ f=\iota_A$ 且 $f\circ g=\iota_B$。

注意到函數 $g$ 就是 $f$ 的反函數 $f^{-1}$。

關於合成函數我們有一個很自然的結果。

## §4.2　合成函數與反函數

**定理 4.2.7.** 假設 $f: A \to B$ 與 $g: B \to C$ 都是函數：

(i) 如果 $f$ 與 $g$ 都是一對一函數，則 $g \circ f$ 也是一個一對一函數。
(ii) 如果 $f$ 與 $g$ 都是映成函數，則 $g \circ f$ 也是一個映成函數。
(iii) 如果 $f$ 與 $g$ 都是對射函數，則 $g \circ f$ 也是一個對射函數。

**證明：** (i) 假設 $x_1, x_2 \in A$。如果 $g \circ f(x_1) = g \circ f(x_2)$，由於 $g$ 是一對一函數，得到 $f(x_1) = f(x_2)$。又因為 $f$ 也是一對一函數，所以，$x_1 = x_2$。因此，$g \circ f$ 是一個一對一函數。

(ii) 對於任意 $z \in C$，由於 $g$ 是映成函數，是以存在一個 $y \in B$ 使得 $g(y) = z$。又因為 $f$ 也是映成函數，所以存在一個 $x \in A$ 使得 $f(x) = y$，亦即，$g \circ f(x) = g(f(x)) = g(y) = z$。這表示 $g \circ f$ 是一個映成函數。

(iii) 的證明由 (i) 與 (ii) 即可得到。證明完畢。　□

接著，我們要來討論函數 $f: A \to B$ 什麼時候會是一個一對一函數？什麼時候會是一個映成函數？

**定理 4.2.8.** 假設 $f: A \to B$ 為一個函數，則 $f$ 為一個一對一函數若且唯若存在一個函數 $g: B \to A$ 使得 $g \circ f = \iota_A$。

**證明：** 如果存在一個函數 $g: B \to A$ 使得 $g \circ f = \iota_A$，則由定理 4.2.6 的前半證明便可知道 $f$ 為一個一對一函數。

反過來說，如果 $f$ 為一個一對一函數，令 $\operatorname{ran} f = D$。因此，由推論 4.1.3 知道 $f: A \to D$ 是一個函數，而且是一個對射函數。所以，$f^{-1}: D \to A$ 是一個函數。如果 $B - D = \emptyset$，則證明完畢。如果 $B - D \neq \emptyset$，選取 $A$ 中的一個元素 $a$，然後定義一個常數函數

$C_a : B - D \to A$ 使得 $C_a(b) = a$，對於任意 $b \in B - D$ 都成立。這個時候，由定理 4.1.13 知道，$g = f^{-1} \cup C_a : B \to A$ 是一個函數。現在，如果 $x \in A$，得到 $f(x) \in D$。因此，$g \circ f(x) = g(f(x)) = f^{-1}(f(x)) = x = \iota_A(x)$。證明完畢。 □

**定理 4.2.9.** 假設 $f : A \to B$ 為一個函數，則 $f$ 為一個映成函數若且唯若存在一個函數 $g : B \to A$ 使得 $f \circ g = \iota_B$。

為了證明定理 4.2.9，我們將引進集合的像與逆像的概念。

**定義 4.2.10.** 假設 $A$ 與 $B$ 為二個集合，$f : A \to B$ 為一個函數，$C$ 為 $A$ 的一個子集合，$D$ 為 $B$ 的一個子集合。我們定義 $C$ 在函數 $f$ 映射之下的像，記為 $\overline{f}(C)$，如下：

$$\overline{f}(C) = \{f(x) \in B \mid x \in C\} ;$$

定義 $D$ 在函數 $f$ 映射之下的逆像，記為 $\overline{\overline{f}}(D)$，如下：

$$\overline{\overline{f}}(D) = \{x \in A \mid f(x) \in D\}。$$

經由定義 4.2.10，我們可以很清楚地知道 $\overline{f}(C)$ 是 $B$ 的一個子集合，$\overline{\overline{f}}(D)$ 是 $A$ 的一個子集合，而且 $\overline{\overline{f}}(D)$ 是 $A$ 裡被 $f$ 映射到 $D$ 的一個最大子集合。當 $C = \{a\}$ 與 $D = \{b\}$ 分別為一個單一元素所形成的集合時，通常我們也把它的像與逆像分別記為 $\overline{f}(a)$ 與 $\overline{\overline{f}}(b)$。

**定理 4.2.9 的證明：**假設存在一個函數 $g : B \to A$ 使得 $f \circ g = \iota_B$，則對於任意 $b \in B$，我們有 $b = \iota_B(b) = f \circ g(b) = f(g(b))$。所以，$f$ 為一個映成函數。

反過來說，如果 $f$ 為一個映成函數，對於任意 $b \in B$，得到 $\overline{\overline{f}}(b) \neq \emptyset$，而且 $A = \bigcup_{b \in B} \overline{\overline{f}}(b)$。另外，當 $b_1, b_2 \in B$ 且 $b_1 \neq b_2$ 時，

## §4.2 合成函數與反函數

也有 $\overline{f}(b_1) \cap \overline{f}(b_2) = \emptyset$。因此，透過策梅洛的選擇公設，存在一個函數 $g: B \to A$ 滿足 $g(b) \in \overline{f}(b)$，對於任意 $b \in B$ 都成立。所以，當 $b \in B$ 時，$f \circ g(b) = f(g(b)) = b$，亦即，$f \circ g = \iota_B$。證明完畢。 □

現在，我們再回到像與逆像的討論。

**定理 4.2.11.** 假設 $A$ 與 $B$ 為二個集合，$f: A \to B$ 為一個函數，則

(i) $\overline{f}: \mathcal{P}(A) \to \mathcal{P}(B)$ 為一個函數。
(ii) $\overline{\overline{f}}: \mathcal{P}(B) \to \mathcal{P}(A)$ 為一個函數。

**證明：** (i) 首先，如果 $C \subseteq A$、$D \subseteq A$ 且 $C = D$，很明顯地，我們有 $\overline{f}(C) = \overline{f}(D)$。這說明了 $\overline{f}$ 滿足 F2 的條件。另外，$\text{dom } \overline{f} = \mathcal{P}(A)$ 與 $\text{ran } \overline{f} \subseteq \mathcal{P}(B)$ 也是很明顯的。因此，由定理 4.1.2 知道，$\overline{f}: \mathcal{P}(A) \to \mathcal{P}(B)$ 為一個函數。(ii) 的證明與 (i) 類似。證明完畢。 □

在這裡我們注意到，如果 $C \subseteq A$、$D \subseteq A$ 且滿足 $\overline{f}(C) = \overline{f}(D)$，這樣的條件一般是無法保證 $C = D$ 的。

**定理 4.2.12.** 假設 $A$ 與 $B$ 為二個集合，$f: A \to B$ 為一個函數，$\{C_i\}_{i \in I}$ 為 $A$ 的一個子集合族，$\{D_j\}_{j \in J}$ 為 $B$ 的一個子集合族，則

(i) $\overline{\overline{f}}(\bigcup_{j \in J} D_j) = \bigcup_{j \in J} \overline{\overline{f}}(D_j)$。
(ii) $\overline{\overline{f}}(\bigcap_{j \in J} D_j) = \bigcap_{j \in J} \overline{\overline{f}}(D_j)$。
(iii) $\overline{f}(\bigcup_{i \in I} C_i) = \bigcup_{i \in I} \overline{f}(C_i)$。
(iv) $\overline{f}(\bigcap_{i \in I} C_i) \subseteq \bigcap_{i \in I} \overline{f}(C_i)$。

**證明：** (i)

$$x \in \overline{\overline{f}}(\bigcup_{j \in J} D_j) \Leftrightarrow f(x) \in \bigcup_{j \in J} D_j$$
$$\Leftrightarrow f(x) \in D_j \text{，某一個 } j \in J$$
$$\Leftrightarrow x \in \overline{\overline{f}}(D_j) \text{，某一個 } j \in J$$
$$\Leftrightarrow x \in \bigcup_{j \in J} \overline{\overline{f}}(D_j) \text{。}$$

(ii)

$$x \in \overline{\overline{f}}(\bigcap_{j \in J} D_j) \Leftrightarrow f(x) \in \bigcap_{j \in J} D_j$$
$$\Leftrightarrow f(x) \in D_j \text{，每一個 } j \in J$$
$$\Leftrightarrow x \in \overline{\overline{f}}(D_j) \text{，每一個 } j \in J$$
$$\Leftrightarrow x \in \bigcap_{j \in J} \overline{\overline{f}}(D_j) \text{。}$$

(iii)

$$y \in \overline{f}(\bigcup_{i \in I} C_i) \Leftrightarrow 存在一個 x \in \bigcup_{i \in I} C_i \text{ 使得 } y = f(x)$$
$$\Leftrightarrow 存在一個 x \in C_i \text{，某一個 } i \in I \text{，使得 } y = f(x)$$
$$\Leftrightarrow y \in \overline{f}(C_i) \text{，某一個 } i \in I$$
$$\Leftrightarrow y \in \bigcup_{i \in I} \overline{f}(C_i) \text{。}$$

## §4.2 合成函數與反函數

**(iv)**

$$y \in \overline{f}(\bigcap_{i \in I} C_i) \Rightarrow 存在一個 x \in \bigcap_{i \in I} C_i 使得 y = f(x)$$
$$\Rightarrow 存在一個 x \in C_i，每一個 i \in I，使得 y = f(x)$$
$$\Rightarrow y \in \overline{f}(C_i)，每一個 i \in I$$
$$\Rightarrow y \in \bigcap_{i \in I} \overline{f}(C_i)。$$

證明完畢。 □

注意到在 (iv) 的敘述裡，一般而言，等號是不會成立的，如下例所示。

**例 4.2.13.** 令 $A = B = \{1, 2\}$，$C_1 = \{1\}$，$C_2 = \{2\}$。定義一個函數 $f : A \to B$ 如下：$f(1) = f(2) = 1$，則

$$\overline{f}(C_1 \cap C_2) = \overline{f}(\emptyset) = \emptyset \subsetneq \{1\} = \overline{f}(C_1) \cap \overline{f}(C_2)。$$

在結束本節之前，我們將以集合 $I_n = \{1, 2, \cdots, n\}$ ($n \in \mathbb{N}$) 為例，討論其上的一對一且映成的函數。首先，我們給下面的定義。

**定義 4.2.14.** 我們稱一個自 $I_n$ 到 $I_n$ 之一對一且映成的函數 $f$ 為 $I_n$ 的一個排列 (permutation)。同時，定義 $S_n$ 為所有 $I_n$ 上的排列所形成的集合。

基本上，$I_n$ 上的一個排列就是把 1 到 $n$ 這 $n$ 個數字的順序重新加以排列。對於這樣的一個排列，通常我們可以下列矩陣的方式來表示。以 $n = 6$ 為例，下列的矩陣

$$\begin{pmatrix} 1 & 2 & 3 & 4 & 5 & 6 \\ 3 & 5 & 6 & 4 & 1 & 2 \end{pmatrix}$$

就表示 $I_6$ 上的一個排列，它把 $1 \mapsto 3$，$2 \mapsto 5$，$3 \mapsto 6$，$4 \mapsto 4$，$5 \mapsto 1$，$6 \mapsto 2$。我們也可以循環 (cycle) 的方式來表示之。就以此 $I_6$ 上排列為例，它也可以寫成

$$(13625)(4)。$$

這種循環符號表示 $1 \mapsto 3 \mapsto 6 \mapsto 2 \mapsto 5 \mapsto 1$，$4 \mapsto 4$。也就是說，1 到 5 的五個數字形成一個循環，4 自己也形成一個循環。由於數字 4 在這個排列之下是不動的，因此，有時候也可以把它省略，不需要寫出來。

**例 4.2.15.** 在 $I_{10}$ 的一個排列 $f = (158)(392)(47)$ 就表示 $1 \mapsto 5 \mapsto 8 \mapsto 1$，$3 \mapsto 9 \mapsto 2 \mapsto 3$，$4 \mapsto 7 \mapsto 4$ 分別為一個循環，$6 \mapsto 6$ 與 $10 \mapsto 10$ 也各自為一個循環。

底下的定理是很明顯地，讀者可以自行證明之。

**定理 4.2.16.** $S_n$ 滿足下列的性質：

(i) $S_n \neq \emptyset$。
(ii) (封閉性，closedness) 如果 $f, g \in S_n$，則 $f \circ g \in S_n$。
(iii) (單位元素的存在性，existence of the identity function) 存在一個 $e_n \in S_n$ 使得 $f \circ e_n = e_n \circ f = f$，對於每一個 $f \in S_n$ 都成立。

## §4.2 合成函數與反函數

(iv) (反函數的存在性，existence of the inverse function) 對於每一個 $f \in S_n$，存在 $f^{-1} \in S_n$ 使得 $f \circ f^{-1} = f^{-1} \circ f = e_n$。

(v) (結合性) 對於任意三個 $f, g, h \in S_n$，$f \circ (g \circ h) = (f \circ g) \circ h$。

定理 4.2.16 告訴我們，數學上 $S_n$ 在函數的合成運算之下形成一個群 (group)，稱之為 $I_n$ 上的排列群 (permutation group)。但是，$S_n$ 不是一個交換群 (commutative or abelian group)。比如說，當 $n = 5$ 時，令 $f = (125)(34)$，$g = (35) \in S_5$，則經由直接的運算，即可得到

$$f \circ g = \begin{pmatrix} 1 & 2 & 3 & 4 & 5 \\ 2 & 5 & 1 & 3 & 4 \end{pmatrix} \neq \begin{pmatrix} 1 & 2 & 3 & 4 & 5 \\ 2 & 3 & 4 & 5 & 1 \end{pmatrix} = g \circ f.$$

另外，透過排列組合的基本概念，即可得知排列群 $S_n$ 具有 $n!$ 個元素。因此，當 $n = 1$ 時，$S_1 = \{e_1\}$ 只有一個元素，即單位元素。當 $n = 2$ 時，$S_2 = \{e_2, \sigma\}$ 也只有二個元素，即單位元素 $e_2$ 與 $\sigma = (12)$，其中 $\sigma = \sigma^{-1}$。

底下是與本節內容相關的一些習題。符號 $A$、$B$、$C$ 與 $D$ 代表集合。

**習題 4.2.1.** 證明定理 4.2.5。

**習題 4.2.2.** 假設 $f : A \to B$ 與 $g : B \to C$ 為二個函數。證明：

(a) 如果 $g \circ f$ 為一對一函數，則 $f$ 為一對一函數。
(b) 如果 $g \circ f$ 為映成函數，則 $g$ 為映成函數。

**習題 4.2.3.** 試給出例子說明習題 4.2.2 的逆命題不一定成立。

**習題 4.2.4.** 假設 $f : A \to B$ 與 $g : A \to B$ 為二個函數。如果 $f \circ h = g \circ h$，對於每一個函數 $h : C \to A$ 都成立，證明 $f = g$。

**習題 4.2.5.** 假設 $f : A \to B$ 與 $g : A \to B$ 為二個函數，$C$ 為元素多於一個的集合。如果 $h \circ f = h \circ g$，對於每一個函數 $h : B \to C$ 都成立，證明 $f = g$。

**習題 4.2.6.** 假設 $f : A \to B$ 為一個函數，則 $f$ 為一個一對一函數若且唯若對於任意二個函數 $g : C \to A$ 與 $h : C \to A$ 滿足 $f \circ g = f \circ h$，我們有 $g = h$。

**習題 4.2.7.** 假設 $f : A \to B$ 為一個函數，則 $f$ 為一個映成函數若且唯若對於任意二個函數 $g : B \to C$ 與 $h : B \to C$ 滿足 $g \circ f = h \circ f$，我們有 $g = h$。

**習題 4.2.8.** 假設 $f : A \to B$ 為一個函數，$C \subseteq A$ 且 $D \subseteq B$。證明：

(a) $C \subseteq \overline{\overline{f}}(\overline{f}(C))$。
(b) $\overline{f}(\overline{\overline{f}}(D)) \subseteq D$。

**習題 4.2.9.** 假設 $f : A \to B$ 為一個函數，$C \subseteq A$ 且 $D \subseteq B$。證明：

(a) 如果 $f$ 是一對一函數，則 $C = \overline{\overline{f}}(\overline{f}(C))$。
(b) 如果 $f$ 是映成函數，則 $D = \overline{f}(\overline{\overline{f}}(D))$。

**習題 4.2.10.** 假設 $f : A \to B$ 為一個函數。證明：

(a) 如果 $f$ 是一對一函數，則 $\overline{f}$ 是一對一函數。

## §4.2 合成函數與反函數

(b) 如果 $f$ 是映成函數，則 $\overline{f}$ 是映成函數。
(c) 如果 $f$ 是對射函數，則 $\overline{f}$ 是對射函數。

**習題 4.2.11.** 假設 $f: A \to B$ 為一個函數。證明：

(a) 如果 $f$ 是一對一函數，則 $\overline{\overline{f}}$ 是映成函數。
(b) 如果 $f$ 是映成函數，則 $\overline{\overline{f}}$ 是一對一函數。
(c) 如果 $f$ 是對射函數，則 $\overline{\overline{f}}$ 是對射函數。

**習題 4.2.12.** 假設 $f: A \to B$ 為一個函數。證明：

(a) 如果 $f$ 是一對一函數，則 $\overline{\overline{f}} \circ \overline{f} : \mathcal{P}(A) \to \mathcal{P}(A)$ 是對射函數。
(b) 如果 $f$ 是映成函數，則 $\overline{f} \circ \overline{\overline{f}} : \mathcal{P}(B) \to \mathcal{P}(B)$ 是對射函數。

**習題 4.2.13.** 假設 $f: A \to B$ 為一個函數，$C \subseteq A$。證明 $\overline{f}(C) = \overline{f}(\overline{\overline{f}}(\overline{f}(C)))$。

**習題 4.2.14.** 假設 $f: A \to B$ 為一個函數，$C \subseteq B$ 且 $D \subseteq B$。證明 $\overline{\overline{f}}(C - D) = \overline{\overline{f}}(C) - \overline{\overline{f}}(D)$。

**習題 4.2.15.** 假設 $f: A \to B$ 為一個函數。證明 $f$ 是一對一函數若且唯若 $\overline{f}(C \cap D) = \overline{f}(C) \cap \overline{f}(D)$，對於任意 $C \subseteq A$、$D \subseteq A$ 都成立。

**習題 4.2.16.** 假設 $f: A \to B$ 為一個函數。證明：

(a) 如果 $C \subseteq A$、$D \subseteq A$，則 $\overline{f}(C) - \overline{f}(D) \subseteq \overline{f}(C - D)$。
(b) $f$ 是一對一函數若且唯若 $\overline{f}(C) - \overline{f}(D) = \overline{f}(C - D)$，對於任意 $C \subseteq A$、$D \subseteq A$ 都成立。

**習題 4.2.17.** 證明定理 4.2.16。

**習題 4.2.18.** 假設 $f \in S_n$。證明存在一個正整數 $m$ 使得 $f^m = e_n$。符號 $f^m = f \circ \cdots \circ f$ 表示 $f$ 自己合成 $m$ 次。

## §4.3 替換公設

有了函數的定義之後，我們便可以再作一些相關的推廣。首先，回顧一下公設化集合論的發展，我們是如何定義一個類為一個集合。一個普遍的認定就是這個類不能太大。另外，我們也設定了一些公設，主要就是為了讓集合在運算之後的結果仍然是集合。現在，如果我們有一個函數 $f: A \to B$ 自類 $A$ 映成到類 $B$。直覺上，類 $B$ 裡的元素不應該多過類 $A$ 裡的元素。因此，如果 $A$ 是一個集合，一個合理的想法便是 $B$ 也要是一個集合。基於這樣的認知，在此我們引進另一個公設，即替換公設 (axiom of replacement)。

**A9. (替換公設)** 如果 $A$ 是一個集合且 $f: A \to B$ 是一個映成函數，則 $B$ 是一個集合。

因此，由替換公設可以得知，如果一個類 $A$ 是一對一對應於一個集合 $B$，那麼 $A$ 也是一個集合。

現在有了替換公設之後，我們便可以對兩個集合乘積的概念作推廣。假設 $A$ 與 $B$ 為二個集合，在第二章裡我們定義了 $A$ 與 $B$ 的乘積集合 $A \times B$ 如下：

$$A \times B = \{(a,b) \mid a \in A, b \in B\}。$$

這樣的定義可以很自然地被推廣到有限個集合的乘積。也就是

## §4.3 替換公設

說，如果 $A_1, A_2, \cdots, A_n$ 為 $n$ 個集合，我們可以定義它們的乘積集合為所有有序 $n$-元組 (ordered $n$-tuples) $(a_1, a_2, \cdots, a_n)$，其中 $a_i \in A_i$ $(1 \le i \le n)$，所形成的集合。然而這種方式，當我們無法說清楚所謂之 $I$-元組時，並不適用於一般集合的指標族 $\{A_i\}_{i \in I}$。為了能夠在一般集合的指標族 $\{A_i\}_{i \in I}$ 上定義乘積，在此重新給予有限個集合之乘積一個不一樣的詮釋就有其絕對的必要。是以我們希望能透過函數的概念來達成此目的。

簡單地說，當我們重新檢視有限個集合之乘積 $A_1 \times A_2 \times \cdots \times A_n$ 時，我們可以把 $\{A_1, A_2, \cdots, A_n\}$ 視為一個指標集合為 $I_n = \{1, 2, \cdots, n\}$ 的集合族。因此，把一個有序 $n$-元組 $(a_1, a_2, \cdots, a_n)$ 視為一個函數 $f : I_n \to \bigcup_{i=1}^{n} A_i$ 滿足 $f(i) = a_i \in A_i$。反過來說，一個函數 $f : I_n \to \bigcup_{i=1}^{n} A_i$ 滿足 $f(i) = a_i \in A_i$ 也可以用來構造一個有序 $n$-元組 $(a_1, a_2, \cdots, a_n)$。如此便說明了這兩個敘述在數學上是等價的，亦即，一體的兩面。基於這樣的認知，我們便可以嘗試以函數的方式來定義一般集合之指標族 $\{A_i\}_{i \in I}$ 的乘積。首先，我們假設指標類 $I$ 為一個集合。由於函數

$$\phi : I \to \{A_i \mid i \in I\}$$
$$i \mapsto A_i$$

為一個映成函數，依據替換公設 **A9** 知道，$\{A_i \mid i \in I\}$ 是一個集合。這個時候，再依據聯集公設 **A5**，得到 $A = \bigcup_{i \in I} A_i$ 也是一個集合。因此，現在我們便可以作如下的定義。

**定義 4.3.1.** 假設 $\{A_i\}_{i \in I}$ 為一個集合的指標族，指標類 $I$ 為一個集合。令

$$A = \bigcup_{i \in I} A_i \text{。}$$

定義集合 $A_i$ 的乘積為下面的類：
$$\prod_{i \in I} A_i = \{f \mid f : I \to A \text{ 為一個函數，且}$$
$$f(i) \in A_i \text{ 對每一個 } i \in I \text{ 都成立}\}。$$

因為 $I$ 與 $A$ 都是集合，由定理 2.5.3 得知，$I \times A$ 是一個集合。因此，由子集合公設 **A4** 知道，一個函數 $f : I \to A$ 也是一個集合，因為 $f \subseteq I \times A$。這說明了定義 4.3.1 是有意義的。

關於集合之指標族的乘積，我們將採用一般的符號。也就是說，粗體的英文小寫 **a**、**b**、**c** 等等將用以表示乘積 $\prod_{i \in I} A_i$ 裡的元素，$\mathbf{a}_j$ 則表示 $\mathbf{a}(j)$，亦即，**a** 的 $j$-座標 ($j$-coordinate)。

另外，假設 $\{A_i\}_{i \in I}$ 為一個集合的指標族。對於每一個 $i \in I$，令 $x_i \in A_i$，我們也將使用符號 $\{x_i\}_{i \in I}$ 來表示 $\prod_{i \in I} A_i$ 裡的一個元素，對於每一個 $i \in I$，它的 $i$-座標就是 $x_i$。因此，對於每一個 $i \in I$，我們可以定義函數 $p_i$ 從 $\prod_{i \in I} A_i$ 到 $A_i$ 如下：
$$p_i : \prod_{i \in I} A_i \to A_i$$
$$\mathbf{a} \mapsto p_i(\mathbf{a}) = \mathbf{a}_i。$$
我們稱函數 $p_i$ 為乘積類 $\prod_{i \in I} A_i$ 到 $A_i$ 的 $i$-投影 ($i$-projection)。

底下是一個傳統的定義。

**定義 4.3.2.** 假設 $A$、$B$ 為任意之二個集合，定義符號 $B^A$ 為所有自 $A$ 到 $B$ 之函數所形成的類。

由於正整數 2 代表一個由二個元素所形成集合，因此，符號 $2^A$ 代表所有自 $A$ 到 2 之函數所形成的類。底下則是一個集合論裡重要的結果。

## §4.3 替換公設

**定理 4.3.3.** 如果 $A$ 是一個集合，則 $2^A$ 與 $\mathcal{P}(A)$ 是一對一對應的。

**證明：** 我們將證明存在一個對射函數 $\phi : \mathcal{P}(A) \to 2^A$。首先，對於集合 $A$ 的任意一個子集合 $B$，令 $\chi_B$ 為 $B$ 在 $A$ 上的特徵函數，得到 $B \in \mathcal{P}(A)$ 與 $\chi_B \in 2^A$。定義

$$\phi : \mathcal{P}(A) \to 2^A$$
$$B \mapsto \phi(B) = \chi_B。$$

不難看出，$\phi$ 是一個函數。

我們說 $\phi$ 是一個對射函數。如果 $B$、$C$ 皆為 $A$ 的子集合，滿足 $\phi(B) = \phi(C)$，亦即，$\chi_B = \chi_C$。因此，得到

$$B = \{x \in A \mid \chi_B(x) = 1\} = \{x \in A \mid \chi_C(x) = 1\} = C。$$

所以，$\phi$ 是一個一對一的函數。至於映成的部分，如果 $g \in 2^A$，令 $B = \overline{g}(1)$，則 $\phi(B) = \chi_B = g$。所以，$\phi$ 也是一個映成的函數。證明完畢。 $\square$

因此，當 $A$ 是一個集合時，由冪集合公設 **A6** 知道，$\mathcal{P}(A)$ 是一個集合。接著，再依據替換公設 **A9** 與定理 4.3.3，得到 $2^A$ 也是一個集合。

**定理 4.3.4.** 假設 $A$、$B$ 為任意之二個集合，則 $A^B$ 為一個集合。

**定理 4.3.5.** 假設 $\{A_i\}_{i \in I}$ 為一個集合的指標族。如果指標類 $I$ 是一個集合，則乘積類 $\prod_{i \in I} A_i$ 也是一個集合。

以上二定理的證明放在習題裡，由讀者自行驗證。

底下是與本節內容相關的一些習題。

**習題 4.3.1.** 令 $A = \{1, 2\}$，$B = \{a, b, c\}$。試寫出 $A^B$、$B^A$、$2^B$ 與 $\mathcal{P}(B)$。

**習題 4.3.2.** 假設 $\{A_i\}_{i \in I}$ 與 $\{B_i\}_{i \in I}$ 為二個具有相同指標集合 $I$ 之集合的指標族，其中 $A_i \neq \emptyset$，$B_i \neq \emptyset$，對於每一個 $i \in I$ 都成立。證明

$$\prod_{i \in I} A_i \subseteq \prod_{i \in I} B_i$$

若且唯若 $A_i \subseteq B_i$，對於每一個 $i \in I$ 都成立。

**習題 4.3.3.** 假設 $\{A_i\}_{i \in I}$ 與 $\{B_i\}_{i \in I}$ 為二個具有相同指標集合 $I$ 之集合的指標族，其中 $A_i \neq \emptyset$，$B_i \neq \emptyset$，對於每一個 $i \in I$ 都成立。證明

$$(\prod_{i \in I} A_i) \cap (\prod_{i \in I} B_i) = \prod_{i \in I} (A_i \cap B_i)。$$

**習題 4.3.4.** 假設 $A$、$B$ 與 $C$ 為三個集合。證明：

(a) $B^A \cup C^A \subseteq (B \cup C)^A$。
(b) $B^A \cap C^A = (B \cap C)^A$。
(c) $B^A - C^A \supseteq (B - C)^A$。

**習題 4.3.5.** 假設 $\{A_i\}_{i \in I}$ 是一個集合的指標族，指標類 $I$ 為一個集合。令 $A = \prod_{i \in I} A_i$。如果 $B \subseteq A$，對於每一個 $i \in I$，令 $B_i = \overline{p}_i(B)$，證明 $B \subseteq \prod_{i \in I} B_i$。

**習題 4.3.6.** 假設 $\{A_i\}_{i \in I}$ 是一個集合的指標族，指標類 $I$ 為一個集合。對於每一個 $i \in I$，令 $B_i \subseteq A_i$。證明

$$\bigcap_{i \in I} \overline{p}_i(B_i) = \prod_{i \in I} B_i。$$

**習題 4.3.7.** 假設 $\{B_i\}_{i\in I}$ 是由集合 $A$ 之子集合形成的指標族。證明

$$\prod_{i\in I} B_i \subseteq A^I。$$

**習題 4.3.8.** 證明定理 4.3.4。(提示：每一個 $A^B$ 的元素都是 $B\times A$ 的子集合。)

**習題 4.3.9.** 證明定理 4.3.5。(提示：利用習題 4.3.7 與 4.3.8。)

## §4.4 參考文獻

1. Krantz, S. G., The Elements of Advanced Mathematics, Fourth Edition, CRC Press, Boca Raton, FL, 2018.

2. Pinter, C. C., Set Theory, Addison-Wesley, Reading, MA, 1971.

# 第 5 章　關係與序

## §5.1　關係

關係 (relation)，顧名思義，指的就是二個物件之間的一種連結。它可以是具體的，也可以是抽象的。比如說，人與人之間的關係通常就是錯綜複雜，包括有所謂的血緣關係、朋友關係、長輩與晚輩的關係、買賣雙方的關係等等不勝枚舉。

同樣地，在數學上也是存在著無數的關係。就好像平面上二個三角形是否相似？正整數 $a$ 是否整除正整數 $b$？正整數 $m$ 是否為一個平方數？比比皆是。當數學發展到今日，有時候物件之間的關係反而會給我們對數學更深入的體會與瞭解。因此，對於關係一個有系統的定義與研究，就會顯得格外的重要。在本節裡我們將引入數學上所謂關係的概念，以利後續作更進一步的發展。

假設給定一個集合 $S$。如果我們想要討論 $S$ 中所有元素或部分元素之間的關係，通常我們會把有關係的二個元素 $a$、$b$ 放在一起形成一個新的集合 $\{a,b\}$，用來表示它們之間有關係。由於 $\{a,b\} = \{b,a\}$，如果我們要特別強調 $a$ 和 $b$ 有關係，還是 $b$ 和 $a$ 有關係，顯然這樣的作法是不夠的。因此，在這個時候序對的引入是一個相當

合適的作法。除了說明 $a$ 與 $b$ 有關係，也點出了它們之間連結的順序。因此，我們直接對關係作如下的定義。

**定義 5.1.1.** 假設 $A$ 與 $B$ 為二個集合。我們說 $R$ 是 $A$、$B$ 之間的一個關係，如果 $R$ 是乘積集合 $A \times B$ 的一個子集合，亦即，$R \subseteq A \times B$。我們稱所有 $R$ 中序對的第一項所形成的集合為 $R$ 的定義域，記為 dom $R$；所有 $R$ 中序對的第二項所形成的集合為 $R$ 的值域，記為 ran $R$。如果 dom $R = A$，我們便說 $R$ 是一個自 $A$ 到 $B$ 的關係。

由定義 5.1.1 可以看出，如果 $R$ 是集合 $A$ 與 $B$ 之間的一個關係，$R$ 其實就是乘積集合 $A \times B$ 裡面的一個圖，反之亦然。很明顯地，我們有 dom $R \subseteq A$ 與 ran $R \subseteq B$。另外，乘積集合 $A \times B$ 本身就是一個自 $A$ 到 $B$ 的關係。

**定義 5.1.2.** 假設 $A$ 為一個集合。我們說 $R$ 是 $A$ 上的一個關係，如果 $R$ 是乘積集合 $A \times A$ 的一個子集合，亦即，$R \subseteq A \times A$。

當 $x, y \in A$ 且 $x$ 與 $y$ 有關係時，我們也會以 $xRy$ 來表示 $(x, y) \in R$。

**定義 5.1.3.** 假設 $A$、$B$ 與 $C$ 為三個集合，$S \subseteq A \times B$ 與 $R \subseteq B \times C$ 分別為 $A$、$B$ 之間與 $B$、$C$ 之間的關係。定義

$$R \circ S = \{(a, c) \in A \times C \mid \text{如果存在一個 } b \in B \\ \text{使得 } (a, b) \in S \text{ 且 } (b, c) \in R\}$$

為 $A$、$C$ 之間的一個關係。我們稱 $R \circ S$ 為 $R$ 與 $S$ 合成的關係 (composite relation)。

## §5.1 關係

底下則是一些關於關係比較重要的性質。

**定義 5.1.4.** 假設 $R$ 是 $A$ 上的一個關係。我們說 $R$ 是：

(i) 自反的 (reflexive)，如果 $(x,x) \in R$，對於任意 $x \in A$ 都成立。
(ii) 對稱的 (symmetric)，如果 $(x,y) \in R$，則 $(y,x) \in R$，其中 $x,y \in A$。
(iii) 反對稱的 (antisymmetric)，如果 $(x,y) \in R$ 且 $(y,x) \in R$，則 $x = y$，其中 $x,y \in A$。
(iv) 遞移的 (transitive)，如果 $(x,y) \in R$ 且 $(y,z) \in R$，則 $(x,z) \in R$，其中 $x,y,z \in A$。

**定義 5.1.5.** 假設 $A$ 為一個集合。定義 $A$ 的對角集合 (diagonal graph) $I_A = \{(x,x) \mid x \in A\}$。

不難看出，$R$ 是自反的若且唯若 $I_A \subseteq R$。

**定義 5.1.6.** 假設 $R$ 是 $A$ 上的一個關係。定義 $R$ 的反關係 ($R$-inverse) 為 $R^{-1} = \{(x,y) \mid$ 如果 $(y,x) \in R\}$。

**定理 5.1.7.** 假設 $R$ 是 $A$ 上的一個關係，則

(i) $R$ 是對稱的若且唯若 $R = R^{-1}$。
(ii) $R$ 是反對稱的若且唯若 $R \cap R^{-1} \subseteq I_A$。
(iii) $R$ 是遞移的若且唯若 $R \circ R \subseteq R$。

**證明：** (i) 假設 $R$ 是對稱的，則

$$(x,y) \in R \leftrightarrow (y,x) \subset R \leftrightarrow (x,y) \in R^{-1} \cdot$$

所以，$R = R^{-1}$。反過來說，如果 $R = R^{-1}$，則

$$(x,y) \in R \Rightarrow (x,y) \in R^{-1} \Rightarrow (y,x) \in R。$$

因此，$R$ 是對稱的。

(ii) 假設 $R$ 是反對稱的。因此，

$$\begin{aligned}(x,y) \in R \cap R^{-1} &\Rightarrow (x,y) \in R \text{ 且 } (x,y) \in R^{-1} \\ &\Rightarrow (x,y) \in R \text{ 且 } (y,x) \in R \\ &\Rightarrow x = y \\ &\Rightarrow (x,y) = (x,x) \in I_A。\end{aligned}$$

反過來說，假設 $R \cap R^{-1} \subseteq I_A$。如果 $(x,y) \in R$ 且 $(y,x) \in R$，則 $(x,y) \in R \cap R^{-1} \subseteq I_A$。推得 $x = y$。所以，$R$ 是反對稱的。

(iii) 假設 $R$ 是遞移的。如果 $(x,y) \in R \circ R$，依據定義 5.1.3，存在一個 $z \in A$ 使得 $(x,z) \in R$ 且 $(z,y) \in R$。所以，由 $R$ 的遞移性得到 $(x,y) \in R$。反過來說，假設 $R \circ R \subseteq R$。如果 $(x,z) \in R$ 且 $(z,y) \in R$，則由假設與定義 5.1.3 得到

$$(x,y) \in R \circ R \subseteq R。$$

所以，$R$ 是遞移的。證明完畢。□

**定理 5.1.8.** 假設 $R$、$S$ 為 $A$ 上的二個關係，則

(i) $R = (R^{-1})^{-1}$。
(ii) $R \subseteq S$ 若且唯若 $R^{-1} \subseteq S^{-1}$。
(iii) $(R \cup S)^{-1} = R^{-1} \cup S^{-1}$，$(R \cap S)^{-1} = R^{-1} \cap S^{-1}$。
(iv) $R \cup R^{-1}$、$R \cap R^{-1}$ 都是對稱的。

本定理的證明放在習題中。

## §5.2 等價關係與分割

底下是與本節內容相關的習題。

**習題 5.1.1.** 證明定理 5.1.8。

## §5.2 等價關係與分割

在上一節裡，我們定義了集合上的關係。現在我們特別把其中一個比較重要且常用的關係，即所謂的「等價關係」，定義如下。

**定義 5.2.1.** 假設 $R$ 是集合 $A$ 上的一個關係。我們說 $R$ 是一個等價關係，如果 $R$ 是自反的、對稱的與遞移的。

**例 5.2.2.** 假設 $R = \{(x,y) \in \mathbb{R} \times \mathbb{R} \mid x - y \in \mathbb{Q}\}$。因為 $x - x = 0 \in \mathbb{Q}$，得到 $(x,x) \in R$，對於任意 $x \in \mathbb{R}$ 都成立。所以，$R$ 是自反的。接著

$$(x,y) \in R \Rightarrow x - y \in \mathbb{Q} \Rightarrow y - x \in \mathbb{Q}$$
$$\Rightarrow (y,x) \in R,$$

得到 $R$ 是對稱的。最後，

$$(x,y) \in R \text{ 且 } (y,z) \in R \Rightarrow x - y \in \mathbb{Q} \text{ 且 } y - z \in \mathbb{Q}$$
$$\Rightarrow x - z = x - y + y - z \in \mathbb{Q}$$
$$\Rightarrow (x,z) \in R,$$

得到 $R$ 是遞移的。因此，$R$ 是實數 $\mathbb{R}$ 上的一個等價關係。

**定義 5.2.3.** 假設 $R$ 是集合 $A$ 上的一個等價關係，$x$ 是 $A$ 的一個元素。我們把 $A$ 上所有與 $x$ 有關係的元素所形成的了集合記為 $[x]$ 或

$R_x$，亦即，
$$[x] = R_x = \{y \in A \mid (x,y) \in R\}。$$

我們稱 $[x]$ (或 $R_x$) 為，在模 $R$ (modulo $R$) 之下，$x$ 的等價類 (equivalence class)。

**引理 5.2.4.** 假設 $R$ 是集合 $A$ 上的一個等價關係，$x, y \in A$，則

$$[x] = [y] \quad 若且唯若 \quad (x,y) \in R。$$

特別地，對於任意 $x, y \in A$，我們有 $[x] = [y]$ 或 $[x] \cap [y] = \emptyset$。

**證明：** 假設 $[x] = [y]$。由 $R$ 的自反性得到 $x \in [x] = [y]$，所以，$(x,y) \in R$。反過來說，假設 $(x,y) \in R$。對於任意 $z \in [x]$，我們有 $(z,x) \in R$。因此，由 $R$ 的遞移性得到 $(z,y) \in R$，亦即，$z \in [y]$。也就是說，$[x] \subseteq [y]$。同理可得 $[y] \subseteq [x]$。所以，$[x] = [y]$。

特別地，當 $z \in [x] \cap [y]$ 時，則 $(x,z) \in R$ 且 $(y,z) \in R$。因此，推得 $[x] = [z] = [y]$。證明完畢。 □

引理 5.2.4 說明了，當 $x, y \in A$ 屬於同一個等價類時，$x$ 與 $y$ 是有關係的。如果 $x$、$y$ 分別屬於二個不同的等價類時，它們是沒有關係的。接著，我們也定義 $A$ 上的一個分割 (partition) 如下所述。

**定義 5.2.5.** 假設 $A$ 是一個集合。我們說 $A$ 的一個分割指的就是 $A$ 上一些非空之子集合 $\{A_\alpha\}_{\alpha \in \Lambda}$ 所形成的集合族，滿足下列條件：

(i) $A_\alpha \bigcap A_\beta = \emptyset$ 或 $A_\alpha = A_\beta$，對於任意 $\alpha, \beta \in \Lambda$ 都成立，
(ii) $A = \bigcup_{\alpha \in \Lambda} A_\alpha$。

## §5.2 等價關係與分割

**定理 5.2.6.** 假設集合族 $\{A_\alpha\}_{\alpha \in \Lambda}$ 是集合 $A$ 的一個分割。令

$$R = \{(x,y) \in A \times A \mid x \in A_\alpha \text{ 且 } y \in A_\alpha, \text{某一個 } \alpha \in \Lambda\},$$

則 $R$ 是 $A$ 上的一個等價關係，$\{A_\alpha\}_{\alpha \in \Lambda}$ 是 $R$ 所誘導出的等價類分割。我們稱 $R$ 為對應於 $\{A_\alpha\}_{\alpha \in \Lambda}$ 的等價關係。

**證明：** (i) $R$ 是自反的。假設 $x \in A = \bigcup_{\alpha \in \Lambda} A_\alpha$，得到 $x \in A_\alpha$，某一個 $\alpha \in \Lambda$。所以，$(x,x) \in R$。

(ii) $R$ 是對稱的。假設 $(x,y) \in R$，則依據 $R$ 的定義，$x \in A_\alpha$ 且 $y \in A_\alpha$，某一個 $\alpha \in \Lambda$。所以，$x$ 與 $y$ 屬於同一個 $A_\alpha$。因此，$(y,x) \in R$。

(iii) $R$ 是遞移的。假設 $(x,y) \in R$ 且 $(y,z) \in R$，則依據 $R$ 的定義，$x$ 與 $y$ 屬於同一個 $A_\alpha$，$y$ 與 $z$ 屬於同一個 $A_\beta$。所以，得到 $A_\alpha = A_\beta$。因此，$x$ 與 $z$ 屬於同一個 $A_\alpha$，亦即，$(x,z) \in R$。

最後，每一個 $A_\alpha$ 都是模 $R$ 的一個等價類。因為如果 $x \in A_\alpha$，則

$$y \in A_\alpha \Leftrightarrow (x,y) \in R \Leftrightarrow y \in [x]。$$

因此，$A_\alpha = [x]$。證明完畢。 $\square$

反過來說，給定集合 $A$ 上的一個等價關係，也有下面的定理。

**定理 5.2.7.** 假設 $R$ 是集合 $A$ 上的一個等價關係，則等價類 $\{[x] \mid x \in A\}$ 會形成 $A$ 的一個分割。$R$ 也是等價類分割 $\{[x] \mid x \in A\}$ 所誘導出的等價關係。

綜合以上的討論，我們得到一個結論，就是集合 $A$ 上的等價關

係與 $A$ 上的分割是呈現一對一的對應。因此，當集合 $A$ 上有一個等價關係 $R$ 時，我們便可以把 $A$ 分割成等價類的聯集。這個時候，我們可以把每一個等價類看成一個新的元素或一個點，如此就會產生一個新的空間，稱作 $A$ 在模 $R$ 的商集合或商空間 (quotient set or quotient space)，以符號 $A/R = \{[x] \mid x \in A\}$ 表示之。簡單地講，就是我們把一個等價類裡面的元素黏合 (identification) 成一個點。倘若在此新的空間上又能給予某些數學結構，這樣便有可能擴展我們對數學的視野，得到一些新的結論。底下是幾個典型的例子。

**例 5.2.8.** 假設 $X = [0, 10] \times [0, 1]$ 為平面上的長方形，如圖 5.2.1。

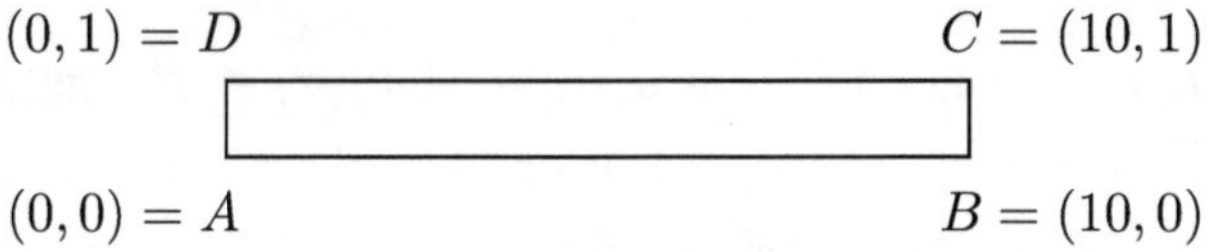

$(0, 1) = D \qquad\qquad C = (10, 1)$

$(0, 0) = A \qquad\qquad B = (10, 0)$

圖 5.2.1

現在，我們在 $X$ 上定義一個等價關係「$\sim$」如下：假設 $(a, b), (c, d) \in X$。我們說 $(a, b) \sim (c, d)$，如果

(1) $a = c$ 且 $b = d$，或
(2) $b = 0$、$d = 1$ 且 $a = c$，或
(3) $b = 1$、$d = 0$ 且 $a = c$。

不難看出，商集合 $X/\sim$ 就是把邊 AB 與邊 DC 黏合在一起而得到的一個管子 (tube)，如圖 5.2.2 左邊之圖形。

## §5.2　等價關係與分割

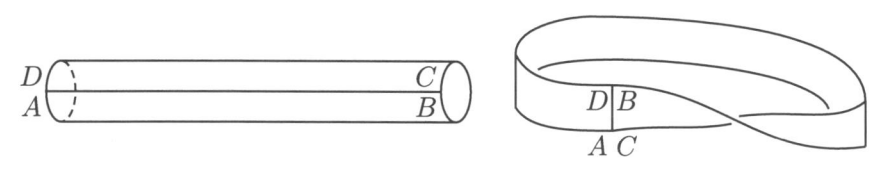

圖 5.2.2

若以類似的方式定義一個等價關係來黏合點 $(0,t)$ 與 $(10, 1-t)$ $(0 \leq t \leq 1)$，亦即，黏合邊 AD 與邊 CB，便會得到著名的莫比烏斯帶 (Möbius strip)，如圖 5.2.2 右邊之圖形。

莫比烏斯 (August Ferdinand Möbius，1790–1868) 為一位德國數學家與天文學家。

**例 5.2.9.** 如果在例 5.2.8 中形成管子的等價關係裡，再加上一個條件來黏合點 $(0,t)$ 與 $(10,t)$ $(0 \leq t \leq 1)$，亦即，黏合邊 AD 與邊 BC，我們就會得到一個環面 (torus)，如圖 5.2.3。

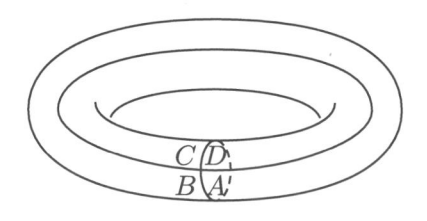

圖 5.2.3

**例 5.2.10.** 同樣地，如果在例 5.2.8 中形成管子的等價關係裡，再加上一個條件來黏合點 $(0,t)$ 與 $(10, 1-t)$ $(0 \leq t \leq 1)$，亦即，黏合邊 AD 與邊 CB，我們就會得到著名的克萊因瓶 (Klein bottle)。

克萊因 (Felix Klein，1849–1925) 為一位德國數學家。

**例 5.2.11. (實投影空間，$\mathbb{RP}^n$)** 對於任意 $n \in \mathbb{N}$，考慮集合 $A = \mathbb{R}^{n+1} - \{0\}$。令 $\mathbb{R}^* = \mathbb{R} - \{0\}$。接著，在 $A$ 上定義一個關係「$\sim$」如下：$x, y \in A$，$x \sim y$ 若且唯若 $x = \lambda y$，某一個 $\lambda \in \mathbb{R}^*$。我們說 $\sim$ 是一個等價關係，因為 $\sim$ 滿足：

(1) 自反性，$x = 1 \cdot x$，所以，$x \sim x$。
(2) 對稱性，如果 $x \sim y$，則 $x = \lambda y$，某一個 $\lambda \in \mathbb{R}^*$。所以，$y = \frac{1}{\lambda} x$，得到 $y \sim x$。
(3) 遞移性，如果 $x \sim y$ 且 $y \sim z$，則 $x = \lambda y$ 且 $y = \beta z$，$\lambda, \beta \in \mathbb{R}^*$。推得 $x = \lambda y = \lambda \beta z$。所以，$x \sim z$。

因此，每一個 $x \in A$ 決定了一個等價類 $[x] = \{tx \mid t \in \mathbb{R}^*\}$。很明顯地，$[x]$ 是一條在 $\mathbb{R}^{n+1}$ 中通過原點與 $x$ (並扣除原點) 的直線。因此，簡單地說，商集合 $A/\sim$ 就是把 $\mathbb{R}^{n+1}$ 中通過原點的直線視為一個點所形成的集合，並把它稱為實 $n$ 維投影空間 (real $n$ dimensional projective space)，以符號 $\mathbb{RP}^n$ 表示之。也因此，得到一個投影映射 (projection map) $p$ 如下：

$$p : \mathbb{R}^{n+1} - \{0\} \to \mathbb{RP}^n$$
$$x \mapsto [x]。$$

因此，$\mathbb{RP}^n$ 也可以透過 $\mathbb{R}^{n+1}$ 中的單位球面 (unit sphere) $S^n$，$S^n = \{(x_1, \cdots, x_{n+1}) \in \mathbb{R}^{n+1} \mid x_1^2 + \cdots + x_{n+1}^2 = 1\}$，把 $S^n$ 上的二個對頂點 (antipodal points) 黏合成一個點而得到。

同樣的方法也可以用來定義所謂之複 $n$ 維投影空間 (complex $n$ dimensional projective space)，以符號 $\mathbb{CP}^n$ 表示之。複投影空間在複變分析 (complex analysis) 上扮演著一個極重要的角色。

另外，如果 $A$、$B$ 為二個集合，$f : A \to B$ 為一個函數，我們

## §5.2 等價關係與分割

可以定義 $A$ 上的一個關係如下：

$$R = \{(x,y) \in A \times A \mid f(x) = f(y)\}。$$

不難看出 $R$ 是 $A$ 上的一個等價關係。通常我們稱 $R$ 為 $f$ 在 $A$ 上所誘導出來的等價關係。

反過來說，如果 $R$ 是 $A$ 上的一個等價關係，我們也可以定義一個函數 $p$ 如下：

$$p : A \to A/R$$
$$x \mapsto [x]。$$

一般而言，我們稱 $p$ 為自 $A$ 到商空間 $A/R$ 的正準映射 (canonical function or map)。

**定理 5.2.12.** 假設 $R$ 是集合 $A$ 上的一個等價關係，$p$ 為自 $A$ 到 $A/R$ 的正準映射，則 $R$ 為 $p$ 在 $A$ 上所誘導出來的等價關係。

**證明：** 令 $p$ 為自 $A$ 到 $A/R$ 的正準映射，$G$ 為 $p$ 在 $A$ 上所誘導出來的等價關係。我們證明 $R = G$ 如下：

$$(x,y) \in R \Leftrightarrow [x] = [y] \Leftrightarrow p(x) = p(y) \Leftrightarrow (x,y) \in G。$$

證明完畢。 $\square$

因此，當 $A$、$B$ 為二個集合，$f : A \to B$ 為一個函數，令 $R$ 為 $f$ 在 $A$ 上所誘導出來的等價關係。由以上的討論，我們可以定義底下三個函數：

(i) $p : A \to A/R$，自 $A$ 到 $A/R$ 的正準映射。
(ii) $s : A/R \to \overline{f}(A)$，$s([x]) = f(x)$，任意 $x \in A$。
(iii) $\iota : \overline{f}(A) \to B$，$\iota(y) = y$，任意 $y \in \overline{f}(A)$。

不難看出，$p$、$s$ 與 $\iota$ 都是函數，並且 $\iota$ 是一個包含映射。這些函數 $p$、$s$、$\iota$ 與 $f$ 的關係可以敘述如下。

**定理 5.2.13.** 如果 $A$、$B$ 為二個集合，$f : A \to B$ 為一個函數，令 $R$ 為 $f$ 在 $A$ 上所誘導出來的等價關係。定義函數 $p$、$s$ 與 $\iota$ 如上，則 $p$ 為映成函數，$s$ 為一對一且映成函數，$\iota$ 為一對一函數，滿足 $f = \iota \circ s \circ p$。

本定理的證明放在習題裡，由讀者自行驗證。對於一個函數 $f : A \to B$，定理 5.2.13 的分解方式時常會出現在許多問題的論證裡，有助於我們對數學的理解。

底下是與本節內容相關的一些習題。

**習題 5.2.1.** 在整數 $\mathbb{Z}$ 上，底下哪一個是等價關係？

(a) $R = \{(m, n) \in \mathbb{Z} \times \mathbb{Z} \mid m + n < 6\}$。
(b) $R = \{(m, n) \in \mathbb{Z} \times \mathbb{Z} \mid m \text{ 整除 } n\}$。
(c) $R = \{(m, n) \in \mathbb{Z} \times \mathbb{Z} \mid m + n \text{ 是一個偶數}\}$。
(d) $R = \{(m, n) \in \mathbb{Z} \times \mathbb{Z} \mid m = n \text{ 或 } m = -n\}$。
(e) $R = \{(m, n) \in \mathbb{Z} \times \mathbb{Z} \mid n = m + 1\}$。

**習題 5.2.2.** 假設 $R$ 是集合 $A$ 上的一個等價關係。證明 $R \circ R = R$。

**習題 5.2.3.** 假設 $\{R_i\}_{i \in \Lambda}$ 是集合 $A$ 上等價關係 $R_i$ 所形成的指標集合。證明 $\bigcap_{i \in \Lambda} R_i$ 也是 $A$ 上的一個等價關係。

**習題 5.2.4.** 假設 $n \in \mathbb{Z}$，令 $B_n = \{m \in \mathbb{Z} \mid m = n + 5p$，某一個 $p \in \mathbb{Z}\}$。

證明 $\{B_n\}_{n\in\mathbb{Z}}$ 是 $\mathbb{Z}$ 的一個分割。

**習題 5.2.5.** 假設 $\{A_i\}_{i\in I}$ 是集合 $A$ 的一個分割，$\{B_j\}_{j\in J}$ 是集合 $B$ 的一個分割。證明 $\{A_i \times B_j\}_{(i,j)\in I\times J}$ 是 $A \times B$ 的一個分割。

**習題 5.2.6.** 證明定理 5.2.13。

**習題 5.2.7.** 假設 $A$ 為一個集合，$f:A \to A$ 為一個函數，$R$ 為 $f$ 在 $A$ 上所誘導出來的等價關係，則 $f \circ f = f$ 若且唯若：如果 $y \in [x]$，則 $f(y) \in [x]$，對於任意 $x,y \in A$ 都成立。

## §5.3 同餘

在這一節裡，我們將把等價關係的概念應用在整數 $\mathbb{Z}$ 上，並引進同餘 (congruence) 的定義如下。

**定義 5.3.1.** 假設 $n \in \mathbb{N}$，$a,b \in \mathbb{Z}$。我們說，在模 $n$ 之下，$a$ 與 $b$ 是同餘的 (或 $a$ 同餘 $b$)，如果 $a - b$ 可以被 $n$ 整除，並以符號 $a \equiv b$ (模 $n$) 記之。

**定理 5.3.2.** 假設 $n \in \mathbb{N}$，則模 $n$ 之下同餘是 $\mathbb{Z}$ 上的一個等價關係。

**證明：** (i) 自反性。如果 $a \in \mathbb{Z}$，則 $n$ 整除 $a - a = 0$。得到 $a$ 同餘 $a$。

(ii) 對稱性。如果 $a,b \in \mathbb{Z}$ 且 $a$ 同餘 $b$，亦即，$n$ 整除 $a - b$，則

$n$ 整除 $b-a$。所以，$b$ 同餘 $a$。

(iii) 遞移性。如果 $a,b,c \in \mathbb{Z}$ 且 $a$ 同餘 $b$、$b$ 同餘 $c$，亦即，$n$ 整除 $a-b$ 且 $n$ 整除 $b-c$，則 $n$ 整除 $a-b+b-c = a-c$。所以，$a$ 同餘 $c$。證明完畢。 □

一般而言，如果 $n \in \mathbb{N}$，則我們稱在模 $n$ 之下的等價類為同餘類 (congruence class)，並稱 $n$ 為模 (modulus)。當 $m \in \mathbb{Z}$，我們也把 $m$ 所屬的同餘類記為 $[m]$ (模 $n$)。

**定理 5.3.3.** 假設 $n \in \mathbb{N}$，則每一個整數 $m$，在模 $n$ 之下，正好同餘於下面其中一個整數：$0, 1, 2, \cdots, n-1$。

**證明：** 利用整數除法算則，存在唯一的整數 $q$ 與整數 $r$ ($0 \le r < n$) 使得 $m = nq + r$。因此，整數 $m$，在模 $n$ 之下，同餘於 $r$。反之，如果 $0 \le s < n$ 且 $m \equiv s$ (模 $n$)，則 $m - s = np$，某個 $p \in \mathbb{Z}$。因此，得到 $m = np + s$。這個時候，再依據整數除法算則中 $r$ 的唯一性，得到 $r = s$。證明完畢。 □

現在，我們在同餘類上定義加法與乘法。

**定義 5.3.4.** 假設 $n \in \mathbb{N}$，$a, b \in \mathbb{Z}$。定義同餘類的加法與乘法如下：

$$[a] \oplus [b] = [a+b],$$
$$[a] \odot [b] = [ab]。$$

定義 5.3.4 是有意義的。因為當 $a', b' \in \mathbb{Z}$ 且 $[a] = [a']$、$[b] = [b']$

## §5.3 同餘

時，我們有 $a - a' = np$，$b - b' = nq$，$p, q \in \mathbb{Z}$。因此，得到
$$a + b = a' + np + b' + nq = a' + b' + n(p+q),$$
$$ab = (a' + np)(b' + nq) = a'b' + n(pb' + qa' + npq)。$$

這表示 $a + b \equiv a' + b'$，$ab \equiv a'b'$ (模 $n$)，亦即，$[a+b] = [a'+b']$，$[ab] = [a'b']$。所以，在定義 5.3.4 中，同餘類加法與乘法的定義是與其代表的選取無關。為了方便起見，有時候我們也會以傳統的加法與乘法符號 $[a] + [b]$ 與 $[a][b]$ 來表示 $[a] \oplus [b]$ 與 $[a] \odot [b]$。

現在，我們便可以利用同餘類之間的加法與乘法來判別一個正整數是否為 3 或 11 的倍數。

**定理 5.3.5.** 正整數 $m \in \mathbb{N}$ 為 3 的倍數若且唯若所有位數的數字和為 3 的倍數。

**證明：** 首先，把正整數 $m$ 以十進位的方式寫出來如下：
$$m = a_n \times 10^n + a_{n-1} \times 10^{n-1} + \cdots + a_1 \times 10 + a_0,$$
其中 $1 \leq a_n \leq 9$，$0 \leq a_j \leq 9$ ($0 \leq j \leq n-1$)。因為 $10^k \equiv 1$ (模 3)，對於任意整數 $k \in \{0\} \cup \mathbb{N}$ 都成立，所以，在模 3 之下，得到
$$[m] = [a_n \times 10^n + a_{n-1} \times 10^{n-1} + \cdots + a_1 \times 10 + a_0]$$
$$= [a_n][10^n] + [a_{n-1}][10^{n-1}] + \cdots + [a_1][10] + [a_0]$$
$$= [a_n][1] + [a_{n-1}][1] + \cdots + [a_1][1] + [a_0]$$
$$= [a_n + a_{n-1} + \cdots + a_1 + a_0]。$$

證明完畢。 □

**定理 5.3.6.** 正整數 $m \in \mathbb{N}$ 為 11 的倍數若且唯若偶位數之數字和與奇位數之數字和的差為 11 的倍數。

**證明：** 因為 $10^k \equiv (-1)^k$ (模 11)，對於任意正整數 $k \in \mathbb{N}$ 都成立，所以，在模 11 之下，利用 $m$ 的十進位表示式得到

$$\begin{aligned}[m] &= [a_n \times 10^n + a_{n-1} \times 10^{n-1} + \cdots + a_1 \times 10 + a_0] \\ &= [a_n][10^n] + [a_{n-1}][10^{n-1}] + \cdots + [a_1][10] + [a_0] \\ &= [a_n][(-1)^n] + [a_{n-1}][(-1)^{n-1}] + \cdots + [a_1][-1] + [a_0] \\ &= [(-1)^n a_n + (-1)^{n-1} a_{n-1} + \cdots - a_1 + a_0] \end{aligned}$$

證明完畢。 □

接著，我們討論一些有關同餘的問題。

**定理 5.3.7.** 假設 $n \in \mathbb{N}$，$a, b, c \in \mathbb{Z}$。令 $d = \gcd(c, n)$。如果 $ac \equiv bc$ (模 $n$)，則 $a \equiv b$ (模 $n/d$)。

**證明：** 由假設知道，存在一個整數 $k$ 使得 $c(a - b) = ac - bc = nk$。因此，$(c/d)(a-b) = (n/d)k$。又因為 $\gcd(c/d, n/d) = 1$，所以，$n/d$ 整除 $a - b$，亦即，$a \equiv b$ (模 $n/d$)。證明完畢。 □

**定理 5.3.8.** 假設 $n \in \mathbb{N}$，$a, b \in \mathbb{Z}$。令 $d = \gcd(a, n)$。

(i) 如果 $d$ 不整除 $b$，則方程式 $ax \equiv b$ (模 $n$) 沒有整數解。

(ii) 如果 $d$ 整除 $b$，則方程式 $ax \equiv b$ (模 $n$) 正好有 $d$ 個不同餘 (模 $n$) 的整數解。

**證明：** (i) 假設方程式 $ax \equiv b$ (模 $n$) 有一個整數解 $x$，亦即，存在一整數 $y$ 使得 $ax - b = yn$。因為 $d = \gcd(a, n)$，所以，$d$ 必須整除 $b$。這是一個矛盾。因此，當 $d$ 不整除 $b$ 時，方程式 $ax \equiv b$ (模 $n$) 沒有整數解。

## §5.3 同餘

(ii) 假設 $d$ 整除 $b$，則由前面定理 3.3.12 知道，方程式 $ax - ny = b$ 有無窮多個整數解，並且以下面的方式表現出來：

$$x = x_0 + (\frac{n}{d})p，$$

$$y = y_0 + (\frac{a}{d})p，$$

其中 $x = x_0$ 與 $y = y_0$ 為一個特別解，$p \in \mathbb{Z}$。也就是說，對於每一個 $p \in \mathbb{Z}$，$x = x_0 + (n/d)p$ 都是方程式 $ax \equiv b$ (模 $n$) 的一個整數解。

現在，如果方程式 $ax \equiv b$ (模 $n$) 有二個整數解 $x_1 = x_0 + (n/d)p_1$ 與 $x_2 = x_0 + (n/d)p_2$ 滿足 $[x_1] = [x_2]$ (模 $n$)，則 $n$ 整除 $(n/d)(p_1 - p_2)$，亦即，$(n/d)(p_1 - p_2) = nq = (n/d)dq$ ($q \in \mathbb{Z}$)。推得 $d$ 整除 $p_1 - p_2$，亦即，$p_1 \equiv p_2$ (模 $d$)。所以，方程式 $ax \equiv b$ (模 $n$) 正好有 $d$ 個不同餘 (模 $n$) 的整數解 $x = x_0 + (n/d)p$ ($0 \leq p \leq d-1$)。證明完畢。 □

原則上，定理 5.3.8 與定理 3.3.12 是屬於同一命題，只是以不同的方式來敘述。

**定理 5.3.9.** 假設 $p$ 為一個質數，$a \in \mathbb{N}$，則 $a^2 \equiv 1$ (模 $p$) 若且唯若 $a \equiv 1$ (模 $p$) 或 $a \equiv -1$ (模 $p$)。

**證明：** 如果 $a^2 \equiv 1$ (模 $p$)，則 $p$ 整除 $a^2 - 1 = (a-1)(a+1)$。所以，$p$ 整除 $a - 1$ 或 $a + 1$，亦即，$a \equiv 1$ (模 $p$) 或 $a \equiv -1$ (模 $p$)。

反之，如果 $a \equiv 1$ (模 $p$) 或 $a \equiv -1$ (模 $p$)，則由同餘類的乘積定義便馬上得到 $a^2 \equiv 1$ (模 $p$)。證明完畢。 □

**定理 5.3.10. (威爾遜定理)** 假設 $p \geq 2$ 為一個正整數，則 $p$ 為一個質數若且唯若 $(p-1)! \equiv -1$ (模 $p$)。

威爾遜 (John Wilson，1741–1793) 為一位英國數學家。本定理雖名為威爾遜定理，但實際上是由拉格朗日在西元 1770 年所證得。拉格朗日 (Joseph Louis Lagrange，1736–1813) 為一位義大利裔法國籍數學家與天文學家。

**證明：** 假設 $p$ 為一個質數。當 $p = 2$ 或 $p = 3$ 時，直接檢驗就可以了。因此，我們可以假設 $p \geq 5$。令 $1 < a < p-1$ 且 $1 \leq x_1 \leq x_2 \leq p-1$。如果 $ax_1 \equiv ax_2$ (模 $p$)，則 $x_1 \equiv x_2$ (模 $p$)，亦即，$x_1 = x_2$。這說明了，對於每一個 $1 < a < p-1$，存在唯一的一個 $b$ ($1 \leq b \leq p-1$) 使得 $ab \equiv 1$ (模 $p$)。因為 $1 + a \leq p - 1$，所以，我們也推得 $1 < b < p-1$。再由定理 5.3.9，得到 $a \neq b$。因此，從這 $p-3$ 個數 $\{2, 3, \cdots, p-2\}$ 便可以得到 $(p-3)/2$ 個配對，使得每一個配對的乘積都會同餘於 1 (模 $p$)。最後，便得到 $(p-1)! \equiv p - 1 \equiv -1$ (模 $p$)。

反過來說，假設 $(p-1)! \equiv -1$ (模 $p$)。如果 $p$ 不是一個質數，透過正整數的質因數分解，我們便可以把 $p$ 唯一的寫成

$$p = p_1^{m_1} p_2^{m_2} \cdots p_k^{m_k},$$

其中 $p_j$ 為相異質數，$m_j \in \mathbb{N}$ ($1 \leq j \leq k$)。當 $k = 1$ 時，則 $m_1 \geq 2$。由假設得知，

$$(p_1^{m_1} - 1)! + 1 = p_1^{m_1} q,$$

其中 $q \in \mathbb{N}$。因為 $1 < p_1 < p_1^{m_1} - 1$，所以，$p_1$ 整除 $(p_1^{m_1} - 1)!$ 與 $p_1^{m_1}$。因此，$p_1$ 也整除 1，得到一個矛盾。當 $k \geq 2$ 時，我們有 $p_j^{m_j} \in \{1, 2, \cdots, (p-1)!\}$ ($1 \leq j \leq k$) 且 $p_i^{m_i} \neq p_j^{m_j}$，如果 $i \neq j$ ($1 \leq i, j \leq k$)。因此，得到 $(p-1)! \equiv 0$ (模 $p$)。這也是一個矛盾。所以，$p$ 必須是一個質數。證明完畢。  □

**定理 5.3.11. (費瑪小定理，Fermat's little theorem)** 假設 $p$ 為一個質數，$a$ 是一個與 $p$ 互質的正整數，則 $a^{p-1} \equiv 1$ (模 $p$)。

## §5.3 同餘

費瑪 (Pierre de Fermat，1607–1665) 為一位法國律師、業餘數學家。著名的費瑪最後定理 (Fermat's last theorem) 就是由他所提出。

**證明：** 假設 $p$ 為一個質數且 $1 \leq x_1 \leq x_2 \leq p-1$。如果 $ax_1 \equiv ax_2$ (模 $p$)，則 $p$ 整除 $ax_2 - ax_1 = a(x_2 - x_1)$。因為 $a$ 與 $p$ 互質，所以，$p$ 整除 $x_2 - x_1$。由此推得 $x_1 = x_2$。這也表示 $a^{p-1}(p-1)! = (p-1)a \times (p-2)a \times \cdots \times (2a) \times a \equiv (p-1)!$ (模 $p$)。因為 $p$ 不整除 $(p-1)!$，所以，得到 $a^{p-1} \equiv 1$ (模 $p$)。證明完畢。 □

利用費瑪小定理，有時候我們可以簡化求同餘數的過程。比如說，當 $p = 13$，得到 $8^{12} \equiv 1$ (模 13)。因此，$8^{75} = 8^{72} \cdot 8^3 \equiv 8^3 \equiv 5$ (模 13)。

同餘數的概念在中國的古籍中早就有記載。相傳漢高祖劉邦在西楚霸王項羽自盡於烏江，一統天下後，開始猜忌功臣。是以設計在巡狩雲夢大澤時，要趁機捉拿韓信。於是大漢皇帝劉邦單刀直入的問道：卿部下有多少士卒？韓信答說：兵不知其數，每 3 人一列餘 1 人，每 5 人一列餘 2 人，每 7 人一列餘 4 人，每 13 人一列餘 6 人⋯。劉邦聽完後，一臉茫然，不得其解。由於無法洞悉韓信身邊所帶士兵之多寡，以至於不敢冒然採取行動。而韓信也得以藉由深奧的數學對話，化解危機。這便是所謂的韓信點兵。在《孫子算經》中也有類似的記載：

今有物不知其數，三三數之賸二，五五數之賸三，七七數之賸二，問物幾何？

現在，我們如果把《孫子算經》的這個問題轉化成數學語言，它其實就是一個同餘數的問題。也就是說，有一個正整數我們不知道它是多大，只知道以 3 除之得餘數 2，以 5 除之得餘數 3，以 7 除之得餘數 2。試問此正整數可能是多少？若我們以 $x$ 來表示此正整數，

則由題意得到：

$$x \equiv 2 \pmod{3},$$
$$x \equiv 3 \pmod{5},$$
$$x \equiv 2 \pmod{7}.$$

對於這個問題，我們可以給予一個完整的解答。但是，首先我們必須注意到的是出現在這個問題裡的三個除數是彼此互質的，也就是說，它們彼此的最大公因數都是 1，亦即，$\gcd(3,5) = 1$，$\gcd(3,7) = 1$，$\gcd(5,7) = 1$。如果不是的話，這個問題可能會無解。我們以下面的例子來說明。

**例 5.3.12.** 試問是否存在一個正整數 $x$ 滿足：以 3 除之得餘數 2，以 5 除之得餘數 3，以 10 除之得餘數 7？

由第三個條件，以 10 除 $x$ 得餘數 7，我們馬上可以知道 $x = 10m + 7$，其中 $m$ 為 0 或一個正整數。但是，這也表示 $x$ 除以 5 的餘數是 2，不可能是 3。所以，這個命題顯然無解。其關鍵就在於 5 整除 10，它們彼此是沒有互質的。

接著，我們證明一個關鍵的性質。

**定理 5.3.13.** 假設 $m$、$n$ 為二個彼此互質的正整數，則存在一個正整數 $p$ 使得 $pm \equiv 1 \pmod{n}$。

**證明：** 因為 $\gcd(m, n) = 1$，所以由定理 3.3.1 知道，存在二個整數 $c$、$d$ 使得 $cm + dn = 1$，其中整數 $c$ 可能是負的。由此，便得到 $cm \equiv 1 \pmod{n}$，或者更一般的情形

$$(c + kn)m \equiv 1 \pmod{n},$$

## §5.3 同餘

其中 $k$ 為一整數。因此，我們只要取 $k$ 為一個夠大的正整數，就可以使 $c + kn$ 成為一個正整數。證明完畢。 □

一旦有了上述的定理，我們就可以說明如何來得到中國剩餘定理 (Chinese remainder theorem)。

**定理 5.3.14. (中國剩餘定理)** 假設 $p_j$ $(1 \leq j \leq n)$ 為 $n$ 個彼此互質的正整數。若隨意指定 $n$ 個整數 $a_j$ 滿足 $0 \leq a_j < p_j$，則存在一個正整數 $x$ 使得
$$x \equiv a_j \ (\text{模 } p_j) \text{，} 1 \leq j \leq n \text{。}$$

**證明：** 首先，對於任意 $j$ $(1 \leq j \leq n)$，令 $m_j = \prod_{k \neq j} p_k$。因為我們假設 $p_j$ $(1 \leq j \leq n)$ 為 $n$ 個彼此互質的正整數，所以，$\gcd(p_j, m_j) = 1$。因此，由定理 5.3.13 知道，存在一個正整數 $l_j$ 使得 $l_j m_j \equiv 1$ (模 $p_j$) $(1 \leq j \leq n)$。因此，
$$x = a_1 l_1 m_1 + \cdots + a_n l_n m_n$$
就是一個解。道理很簡單，因為當 $x$ 除以 $p_j$ 時 $(1 \leq j \leq n)$，$p_j$ 都會出現在 $m_k$ $(k \neq j)$ 裡，所以得到
$$\begin{aligned} x &= a_1 l_1 m_1 + \cdots + a_n l_n m_n \\ &\equiv a_j l_j m_j \quad (\text{模 } p_j) \\ &\equiv a_j \quad (\text{模 } p_j) \text{。} \end{aligned}$$
證明完畢。 □

因此，在 $p_j$ $(1 \leq j \leq n)$ 為 $n$ 個彼此互質的正整數假設之下，中國剩餘定理是保證有一個正整數解 $x$。如此，對於任意一整數 $k$，整數 $x + k \prod_{j=1}^{n} p_j$ 也會滿足定理 5.3.14 的結論。現在，我們回到本節一開始所提的問題。

**例 5.3.15.** 試問是否存在一個正整數 $x$ 滿足：以 3 除之得餘數 2，以 5 除之得餘數 3，以 7 除之得餘數 2？若再要求此整數大於零且不大於 800 時，試問最小的可能為多少？最大的可能為多少？

因為 3、5、7 是彼此互質的正整數，依據定理 5.3.13，可以找到

$$70 = 2 \times 5 \times 7 \equiv 1 \quad (模\ 3)，$$
$$21 = 1 \times 3 \times 7 \equiv 1 \quad (模\ 5)，$$
$$15 = 1 \times 3 \times 5 \equiv 1 \quad (模\ 7)。$$

所以，

$$x = 2 \times 70 + 3 \times 21 + 2 \times 15 = 140 + 63 + 30 = 233$$

就是一個解。

當 $k$ 為任意一整數時，整數 $233 + k \times 3 \times 5 \times 7 = 233 + 105k$ 也會有一樣的同餘性質。因此，若要求此整數大於零且不大於 800 時，它只可能是 23、128、233、338、443、548、653 和 758。因此，最小的可能為 23，最大的可能為 758。

底下是與本節內容相關的一些習題。

**習題 5.3.1.** 假設 $p$ 為一個質數，$a \in \mathbb{N}$。證明 $a^p \equiv a$ (模 $p$)。

**習題 5.3.2.** 假設 $p$ 為一個奇質數。證明 $2(p-3)! \equiv -1$ (模 $p$)。

**習題 5.3.3.** 假設 $p$ 為一個質數。證明 $p$ 整除 $2^p - 2$。

## §5.4 序

**習題 5.3.4.** 是否存在一個正整數 $x$ 滿足 $x \equiv 2$ (模 3)，$x \equiv 2$ (模 8)，$x \equiv 8$ (模 10)？

**習題 5.3.5.** 是否存在一個正整數 $x$ 滿足 $2x \equiv 1$ (模 3)，$3x \equiv 4$ (模 5)，$5x \equiv 2$ (模 7)？

**習題 5.3.6.** 假設一個正整數不大於 200 且滿足 $x \equiv 1$ (模 3)，$x \equiv 1$ (模 5)，$x \equiv 2$ (模 7)。試問此正整數最小可能為多少？最大可能為多少？

**習題 5.3.7.** 假設一個正整數不大於 150 且滿足 $x \equiv 1$ (模 2)，$x \equiv 2$ (模 3)，$x \equiv 1$ (模 5)。試問此正整數最小可能為多少？最大可能為多少？

**習題 5.3.8.** 假設一個正整數不大於 1000 且滿足 $x \equiv 2$ (模 3)，$x \equiv 1$ (模 7)，$x \equiv 3$ (模 11)。試問此正整數最小可能為多少？最大可能為多少？

## §5.4 序

在這一節裡，我們將討論數學上所謂的「序」(order)。一般而言，排序的概念總是會很自然地出現在我們的日常生活中。直覺上，它就是一種先後、大小的關係。這也意味者集合中之元素是否能和自己有關係，可以比較。因此，我們必須對集合上的關係作更進一步的探討與分析，以利後續的發展。在 5.1 節裡我們已經定義了一些關於關係的性質。現在，我們再給下面的定義。

**定義 5.4.1.** 假設 $R$ 是集合 $A$ 上的一個關係。我們說：

(i) $R$ 是集合 $A$ 上的一個反自反 (irreflexive) 關係，如果 $(x,x) \notin R$，對於每一個 $x \in A$ 都成立。

(ii) $R$ 是集合 $A$ 上的一個不對稱 (asymmetric) 關係，如果 $(x,y) \in R$，則 $(y,x) \notin R$。

很明顯地，由定義 5.4.1 可以知道，如果 $R$ 是非空集合 $A$ 上的一個自反關係，那麼 $R$ 就不是集合 $A$ 上的一個反自反關係。另外，不對稱關係與先前定義的反對稱關係是不一樣的。

**例 5.4.2.** 令 $R = \{(x,y) \in \mathbb{R} \times \mathbb{R} \mid y = x^2 + 8\}$，則 $R$ 定義了 $\mathbb{R}$ 上的一個反自反關係。

**例 5.4.3.** 令 $R = \{(m,n) \in \mathbb{N} \times \mathbb{N} \mid m \text{ 整除 } n\}$，則 $R$ 定義了 $\mathbb{N}$ 上的一個反對稱關係。因為如果 $(m,n) \in R$、$(n,m) \in R$，得到 $m$ 整除 $n$ 與 $n$ 整除 $m$。因此，$m = n$。但是，$R$ 不是不對稱的。因為 $(m,m) \in R$，對於每一個 $m \in \mathbb{N}$ 都成立。

一般而言，排序的概念很自然地都要有遞移性。另外一個大原則就是集合中之元素是否能和自己比先後、大小。在集合論上，這就是以自反與反自反的關係來呈現。因此，我們會說關係 $R$ 是集合 $A$ 上的一個準序 (preorder)，如果 $R$ 是一個具有遞移性與自反性的關係。假如我們特別強調集合中之元素無法與自己比先後、大小，這個時候便會要求 $R$ 具有反自反的關係。底下就是序的定義。

**定義 5.4.4.** 假設 $A$ 為一個集合，$R$ 為 $A$ 上的一個關係。我們說：

## §5.4 序

(i) $R$ 是 $A$ 上的一個偏序 (partial order)，如果 $R$ 具有自反性、反對稱性與遞移性。

(ii) $R$ 是 $A$ 上的一個嚴格偏序 (strict partial order)，如果 $R$ 具有反自反性、不對稱性與遞移性。

當 $R$ 是 $A$ 上的一個 (嚴格) 偏序時，我們便稱序對 $(A, R)$ 為一個 (嚴格) 偏序集合 ((strict) partially ordered set)。

**例 5.4.5.** 假設 $\mathbb{R}^* = \mathbb{R} \setminus \{0\}$。令 $R = \{(x, y) \in \mathbb{R}^* \times \mathbb{R}^* \mid xy > 0\}$，則 $R$ 定義了 $\mathbb{R}^*$ 上一個有自反性與遞移性，但是沒有反對稱性的關係。因此，$R$ 不是 $\mathbb{R}^*$ 上的一個偏序。

**例 5.4.6.** 很明顯地，關係 $\subseteq$ 是冪集合 $\mathcal{P}(\mathbb{N})$ 上的一個偏序。關係 $\subsetneq$ 則是冪集合 $\mathcal{P}(\mathbb{N})$ 上的一個嚴格偏序。

現在假設 $(A, R)$ 為一個偏序集合。通常為了方便起見，我們會使用符號 $x \leq y$ 來表示 $(x, y) \in R$。符號 $y \geq x$ 與符號 $x \leq y$ 具有相同的意義。符號 $x \not\leq y$ 則表示 $(x, y) \notin R$。我們也同意以符號 $x < y$ 來表示 $x \leq y$ 且 $x \neq y$。假如 $A$ 是一個偏序集合，$B$ 是 $A$ 的一個子集合。我們也可以利用 $A$ 上的偏序來偏序子集合 $B$，亦即，如果 $x, y \in B$，令在集合 $B$ 中 $x \leq y$ 若且唯若在集合 $A$ 中 $x \leq y$。

如果 $A$、$B$ 都是偏序集合，我們也可以字典序 (lexicographic order) 來偏序 $A$ 與 $B$ 的乘積集合 $A \times B$。

**定義 5.4.7.** 假設 $A$、$B$ 都是偏序集合。定義乘積集合 $A \times B$ 上的字典序如下：令 $(a_1, b_1), (a_2, b_2) \in A \times B$，我們說 $(a_1, b_1) \leq (a_2, b_2)$ 若且唯若 (i) $a_1 < a_2$ 或 (ii) $a_1 = a_2$ 且 $b_1 \leq b_2$。

**定義 5.4.8.** 假設 $A$ 是一個偏序集合。我們稱 $A$ 的兩個元素 $x$ 與 $y$ 是可以比較的 (comparable)，如果 $x \leq y$ 或 $y \leq x$。否則，我們便說 $x$ 與 $y$ 是不可以比較的 (incomparable)。

**定義 5.4.9.** 假設 $A$ 是一個偏序集合，$B$ 是 $A$ 的一個子集合。如果 $B$ 中之任意兩個元素都是可以比較的，我們便說 $B$ 是 $A$ 的一個線性序子集合 (linearly ordered subset) 或全序子集合 (totally ordered subset) 或鏈 (chain)。如果 $A$ 中之任意兩個元素都是可以比較的，我們便說 $A$ 是一個線性序集合 (linearly ordered set) 或全序集合 (totally ordered set)。

**定義 5.4.10.** 假設 $A$ 是一個偏序集合，且 $a \in A$。定義 $A$ 中由 $a$ 所決定之初始段 (initial segment) 子集合 $S_a$，如下：

$$S_a = \{x \in A \mid x < a\}。$$

**定理 5.4.11.** 假設 $A$ 是一個偏序集合。如果 $P$ 是 $A$ 的一個初始段，$Q$ 是 $P$ 的一個初始段，則 $Q$ 是 $A$ 的一個初始段。

**證明：**依據假設，$P = S_a = \{x \in A \mid x < a\}$，某個 $a \in A$；$Q = \{y \in P \mid y < b\}$，某個 $b \in P$。我們要證明 $Q = S_b = \{x \in A \mid x < b\}$。

首先，$Q \subseteq S_b$ 是明顯的。另一方面，若 $x \in S_b$，則 $x < b$。因為 $b < a$，所以 $x < a$，得到 $x \in P$，亦即，$S_b \subseteq Q$。證明完畢。 □

**定義 5.4.12.** 假設 $A$、$B$ 為二個偏序集合。我們說一個函數 $f: A \to B$ 是遞增 (increasing) 或保序 (order-preserving) 的，如果對於任

## §5.4 序

意二元素 $x, y \in A$，下列條件恆成立：

$$如果 \ x \leq y, 則 \ f(x) \leq f(y)。$$

我們說一個函數 $f: A \to B$ 是嚴格遞增 (strictly increasing) 的，如果對於任意二元素 $x, y \in A$，下列條件恆成立：

$$如果 \ x < y, 則 \ f(x) < f(y)。$$

**定義 5.4.13.** 假設 $A$、$B$ 為二個偏序集合。我們說一個函數 $f: A \to B$ 是同構映射 (isomorphism)，如果 $f$ 是一對一且映成，同時對於任意二元素 $x, y \in A$，下列條件恆成立：

$$x \leq y \ 若且唯若 \ f(x) \leq f(y)。$$

**定理 5.4.14.** 假設 $A$、$B$ 為二個偏序集合。如果 $f: A \to B$ 是一個同構映射，則

$$x < y \ 若且唯若 \ f(x) < f(y)。$$

**證明：** 如果 $x < y$，則 $x \leq y$。推得 $f(x) \leq f(y)$。此時，若 $f(x) = f(y)$，則 $f(y) \leq f(x)$。因此，$y \leq x$。這是一個矛盾。所以，$f(x) < f(y)$。反之亦然。證明完畢。 □

**定理 5.4.15.** 假設 $A$、$B$ 為二個偏序集合。如果 $f: A \to B$ 是一個一對一且映成的映射，則 $f: A \to B$ 是一個同構映射若且唯若 $f$ 與 $f^{-1}$ 都是遞增的函數。

**證明：** 我們只要注意到，當 $f: A \to B$ 為一個一對一且映成的函數時，$x = f^{-1}(f(x))$，對於每一個 $x \in A$ 都成立。所以，由定義 5.4.13，便可推得此結論。證明完畢。 □

**定理 5.4.16.** 假設 $A$、$B$ 與 $C$ 為三個偏序集合，則

(i) 恆等映射 $\iota_A : A \to A$ 是一個同構映射。
(ii) 如果 $f : A \to B$ 是一個同構映射，則反映射 $f^{-1} : B \to A$ 也是一個同構映射。
(iii) 如果 $f : A \to B$ 與 $g : B \to C$ 都是同構映射，則 $g \circ f : A \to C$ 也是一個同構映射。

**證明：** (i) 與 (iii) 的證明都是明顯的。至於 (ii) 的證明，只要注意到 $(f^{-1})^{-1} = f$，則由定理 5.4.15 也可以馬上得到。證明完畢。 □

**定理 5.4.17.** 假設 $A$ 是一個全序集合，$B$ 是一個偏序集合，$f : A \to B$ 是一個函數。如果 $f$ 是一個一對一、映成且遞增的映射，則 $f$ 是一個同構映射。

**證明：** 假設 $f(x) \leq f(y)$。由於 $A$ 是一個全序集合，我們有 $x \leq y$ 或 $y < x$。如果 $y < x$，加上 $f$ 是一個遞增的映射，得到 $f(y) \leq f(x)$。因此，$f(y) < f(x)$，否則便會違反 $f$ 是一對一的條件。但是，這也與假設矛盾。所以，$x \leq y$。因此，依據定義 5.4.13，$f$ 是一個同構映射。證明完畢。 □

**定義 5.4.18.** 如果 $A$、$B$ 為二個偏序集合，且存在一個自 $A$ 到 $B$ 的同構映射，我們便說偏序集合 $A$ 同構於偏序集合 $B$，或簡稱 $A$ 同構於 $B$，並以符號 $A \approx B$ 記之。

**定義 5.4.19.** 假設 $A$ 為一個偏序集合。我們說子集合 $B \subseteq A$ 為 $A$ 的一個截痕 (section)，如果 $B$ 滿足以下之條件：對於任意 $x \in A$，如果有一個 $y \in B$ 使得 $x \leq y$，則 $x \in B$。

## §5.4 序

不難看出，偏序集合 $A$ 的初始段都是 $A$ 的一個截痕。接下來，我們定義偏序集合中所謂最大與最小之元素。

**定義 5.4.20.** 假設 $A$ 為一個偏序集合。我們說一個元素 $a \in A$ 為 $A$ 中之最小元素 (least element)，如果 $a \leq x$ 對於任意 $x \in A$ 都成立；一個元素 $b \in A$ 為 $A$ 中之最大元素 (greatest element)，如果 $b \geq x$ 對於任意 $x \in A$ 都成立。

很明顯地，偏序集合中之最大與最小元素都是唯一的。

**定義 5.4.21.** 假設 $A$ 為一個偏序集合。我們說 $A$ 為一個良序集合 (well-ordered set)，如果 $A$ 的每一個非空子集合都有一個最小元素。

一般而言，偏序集合不一定是良序集合。比如說，在傳統的偏序「$\leq$」之下，$(\mathbb{Q}, \leq)$ 與 $(\mathbb{R}, \leq)$ 都是偏序集合，但也都不是良序集合。$(\mathbb{N}, \leq)$ 則是一個良序集合。在西元 1904 年，透過選擇公設，策梅洛證出下面的良序定理。這是數學上的一大突破。

**定理 5.4.22. (策梅洛良序定理)** 在任意非空的集合 $A$ 上都存在一個良序 $\leq$，使得 $(A, \leq)$ 形成一個良序集合。

關於策梅洛的良序定理，讀者可以參考定理 2.6.1 與文獻 [2]。

**定理 5.4.23.** 假設 $A$ 為一個良序集合，則 $A$ 為一個全序集合。

**證明：** 如果 $x, y \in A$，則 $\{x, y\}$ 為一個非空之子集合。因此，有一個最小之元素 $x$ 或 $y$，亦即，$x \leq y$ 或 $y \leq x$。證明完畢。 □

**定理 5.4.24.** 假設 $A$ 為一個良序集合，則 $B$ 為 $A$ 的一個截痕若且唯若 $B = A$ 或 $B$ 為 $A$ 的一個初始段。

**證明：**很明顯地，如果 $B = A$ 或 $B$ 為 $A$ 的一個初始段，則 $B$ 為 $A$ 的一個截痕。

反過來說，如果 $B$ 為 $A$ 的一個截痕且 $B \neq A$，則 $A - B \neq \emptyset$。由於 $A$ 為一個良序集合，所以，在 $A - B$ 中存在一個最小元素 $m$。我們說 $B = S_m$。首先，假設 $x \in B$。如果 $x \geq m$，則由截痕的定義得到 $m \in B$。但是，這也與 $m \in A - B$ 相互矛盾。因此，推得 $x < m$，亦即，$x \in S_m$。另一方面，如果 $x \in S_m$，亦即，$x < m$，由 $m$ 是 $A - B$ 中最小元素推得 $x \in B$。所以，$B = S_m$。證明完畢。□

接著，在一個非空良序集合上，我們也可以引進超限歸納原理 (principle of transfinite induction)。

**定理 5.4.25. (超限歸納原理)** 假設 $A$ 為一個非空良序集合，$B$ 為 $A$ 的一個子集合。如果 $B$ 滿足下列兩條件：

(i) $B$ 包含 $A$ 中之最小元素 $a_0$，
(ii) 若 $A$ 中之初始段 $S_x \subseteq B$ ($x \in A$)，推得 $x \in B$，

則 $B = A$。

**證明：**如果 $A - B \neq \emptyset$，令 $m$ 為 $A - B$ 中之最小元素。因為 $a_0 \in B$，便可推得 $a_0 < m$，初始段 $S_m \neq \emptyset$ 與 $S_m \subseteq B$。再由 (ii)，得到 $m \in B$。這是一個矛盾。所以，$B = A$。證明完畢。□

有了策梅洛的良序定理之後，我們便可以再度討論良序集合之間的同構問題。底下我們將證明一個極具重要性的定理，它說明了在良序集合之間基本上除了「大小」之外，沒有其他的差別。我們先

## §5.4 序

證明幾個引理。

**引理 5.4.26.** 假設 $A$ 為一個良序集合，$f$ 為一個自 $A$ 到 $A$ 的一個子集合的同構，則 $x \leq f(x)$，對於每一個 $x \in A$ 都成立。

**證明：** 考慮集合 $E = \{x \in A \mid x > f(x)\}$。如果 $E \neq \emptyset$，則 $E$ 有一個最小元素 $s$。所以，$f(s) < s$。又因為 $f$ 是一個集合的同構，由定理 5.4.14 推得

$$f(f(s)) < f(s)。$$

因此，得到 $f(s) \in E$。這與 $s$ 是 $E$ 的最小元素相互矛盾。所以，$E = \emptyset$，亦即，$x \leq f(x)$，對每個 $x \in A$ 都成立。證明完畢。 □

**引理 5.4.27.** 假設 $A$ 為一個良序集合，則不存在任意一個集合同構自 $A$ 到 $A$ 的一個初始段的子集合。

**證明：** 假設存在一個集合同構 $f$ 自 $A$ 到 $S_a$ (某一個 $a \in A$) 的一個子集合。因此，由引理 5.4.26 知道，$a \leq f(a)$，亦即，$f(a) \notin S_a$。這與 $f$ 的值域包含在 $S_a$ 裡面是相互矛盾的。證明完畢。 □

由引理 5.4.27，馬上得到下面的推論。

**推論 5.4.28.** 不存在一個良序集合可以集合同構到自己的一個初始段。

**引理 5.4.29.** 假設 $A$、$B$ 為二個良序集合。如果 $A$ 集合同構到 $B$ 的一個初始段，則 $B$ 便無法集合同構到 $A$ 的任意一個子集合。

**證明:** 假設存在一個集合同構 $g$ 自 $B$ 到 $A$ 的一個子集合。同時,令 $f$ 為一個集合同構自 $A$ 到 $B$ 的一個初始段 $S_b$ ($b \in B$)。因此,由定理 5.4.16 知道,$f \circ g$ 為一個集合同構自 $B$ 到 $B$ 的一個初始段 $S_b$ 的子集合。但是,這又與引理 5.4.27 矛盾。證明完畢。 □

**引理 5.4.30.** 假設 $A$ 為一個良序集合。令 $S_x$ 與 $S_y$ 為 $A$ 的二個初始段。如果 $x < y$,則 $S_x$ 為 $S_y$ 的一個初始段。

**證明:** 因為 $x < y$,得到 $S_x \subsetneq S_y$。同時,$S_x$ 是 $S_y$ 的一個截痕,理由如下:令 $v \in S_y$。若 $u \in S_x$ 且 $v \leq u$,則 $v \leq u < x$,得到 $v \in S_x$。因此,由定理 5.4.24 知道 $S_x$ 為 $S_y$ 的一個初始段。證明完畢。 □

底下則是一個關於良序集合很重要的定理。

**定理 5.4.31.** 假設 $A$、$B$ 為二個良序集合,則底下三種情形正好只能有一個成立:

(i) $A$ 集合同構於 $B$。
(ii) $A$ 集合同構於 $B$ 的一個初始段。
(iii) $B$ 集合同構於 $A$ 的一個初始段。

**證明:** 令 $A$、$B$ 為二個良序集合。定義 $A$ 的子集合 $C$ 如下:

$$C = \{x \in A \mid 存在一個 r \in B 使得 S_x \cong S_r\}。$$

首先,注意到 $C \neq \emptyset$,因為 $A$ 的最小元素 $a \in C$。接著,如果 $x \in C$,則只有唯一的一個 $r \in B$ 使得 $S_x \cong S_r$。假如有二個 $r, t \in B$,$r \neq t$,使得 $S_x \cong S_r$ 與 $S_x \cong S_t$,我們可以假設 $r < t$,因此,由引理 5.4.30 知道,$S_r$ 是 $S_t$ 的一個初始段,但是,推論 5.4.28 告訴我們 $S_t$ 是不能集合同構於自己的一個初始段 $S_r$,所以,只有一個

## §5.4 序

$r \in B$ 使得 $S_x \cong S_r$。我們把此對應於 $x$ 之唯一的 $r$ 記為 $F(x)$，得到一個函數
$$F : C \to B$$
$$x \mapsto F(x)。$$
特別地，如果我們設 $D = \operatorname{ran} F$，便得到一個函數 $F : C \to D$。

接下來，我們要證明函數 $F : C \to D$ 是一個集合同構。很自然地，$F$ 是一個映成函數。同時 $F$ 也是一個一對一函數。假設 $F(u) = F(v) = r$，亦即，$S_u \cong S_r \cong S_v$，如果 $u < v$，則由引理 5.4.30 知道 $S_u$ 是 $S_v$ 的一個初始段，這與推論 5.4.28 產生矛盾，同理，$u > v$ 也不可能成立，所以，$u = v$。另外，$F$ 也是一個遞增的函數。假設 $u \leq v$，$F(u) = r$ 與 $F(v) = t$，得到 $S_u \cong S_r$、$S_v \cong S_t$ 與 $S_u \subseteq S_v$，如果 $t < r$，由引理 5.4.30 知道，$S_t$ 是 $S_r$ 的一個初始段，因此，推得 $S_v$ 集合同構於 $S_r$ 的一個初始段 $S_t$，$S_r$ 集合同構於 $S_v$ 的一個子集合 $S_u$，這也與引理 5.4.29 相互矛盾，所以，$F(u) = r \leq t = F(v)$，得到 $F$ 是一個遞增的函數。現在，經由定理 5.4.17，證得函數 $F : C \to D$ 是一個集合同構。

接著，我們說 $C$ 是 $A$ 的一個截痕，也就是說，如果 $x \in A$，存在一個 $c \in C$ 使得 $x < c$，我們必須證明 $x \in C$。令 $F(c) = r$，則 $S_c \cong S_r$，亦即，存在一個集合同構 $g : S_c \to S_r$。因為 $x < c$，不難看出
$$g|_{S_x} : S_x \to S_{g(x)}$$
也是一個集合同構。所以，$x \in C$。因此，$C$ 是 $A$ 的一個截痕。同理可證 $D$ 是 $B$ 的一個截痕。

這個時候，我們引用定理 5.4.24，只要排除 $C$ 是 $A$ 的一個初始段且 $D$ 是 $B$ 的一個初始段這種情形就可以了。這很容易便可以做到。如果 $C = S_a$ 是 $A$ 的一個初始段，且 $D = S_r$ 是 $B$ 的一個初始

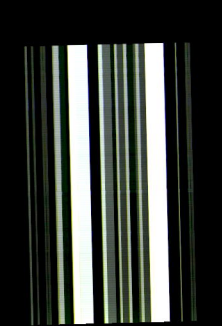

段，因為 $C \cong D$，所以，推得 $S_x \cong S_r$。也就是說，$x \in C = S_x$，得到一個矛盾。最後，再引用推論 5.4.28 與引理 5.4.29，便可知道敘述 (i)、(ii) 與 (iii) 是彼此互斥的。證明完畢。 □

**定理 5.4.32.** 假設 $A$ 為一個良序集合，則 $A$ 的每一個子集合會同構於 $A$ 或 $A$ 的一個初始段。

**證明：** 假設 $B$ 是 $A$ 的一個子集合，所以，$B$ 也是一個良序集合。因此，由定理 5.4.31 知道敘述 (i)、(ii) 與 (iii) 中正好只有一種情形會成立。我們說 (ii) 是不可能成立的。如果 $A$ 集合同構於 $B$ 的一個初始段，則由引理 5.4.29 知道，$B$ 是無法集合同構到 $A$ 的任意一個子集合。但是，$B \cong B$。這是一個矛盾。因此，只有情形 (i) 與 (iii) 可能成立。證明完畢。 □

在結束本節之前，我們再回顧一下前面提過幾個重要的公設與定理。首先，定義幾個名詞。

**定義 5.4.33.** 假設 $A$ 為一個偏序集合，$B$ 為 $A$ 的一個子集合。我們說一個元素 $a \in A$ 為 $B$ 的上界 (upper bound)，如果 $a \geq x$ 對於任意 $x \in B$ 都成立；一個元素 $b \in A$ 為 $B$ 的下界 (lower bound)，如果 $b \leq x$ 對於任意 $x \in B$ 都成立。同時，把所有 $B$ 的上界所形成的集合記為 $\nu(B)$；把所有 $B$ 的下界所形成的集合記為 $\lambda(B)$。

**定義 5.4.34.** 假設 $A$ 為一個偏序集合。我們說一個元素 $m \in A$ 為 $A$ 的極大元素 (maximal element)，如果當 $x \in A$ 且 $m \leq x$ 時，則 $x = m$；一個元素 $n \in A$ 為 $A$ 的極小元素 (minimal element)，如果當 $x \in A$ 且 $x \leq n$ 時，則 $x = n$。

## §5.4 序

注意到極小 (大) 元素的定義與定義 5.4.20 中所定義的最小 (大) 元素是不一樣的。有了這些名詞之後，我們便可以敘述下面的公設與定理。在數學上，它們彼此都是等價的。

(i) **選擇公設**。假設 $\{E_\alpha \mid \alpha \in \Lambda\}$ 為一個由指標集合 $\Lambda$ 所定義的集合族，滿足 $E_\alpha \neq \emptyset$，對於任意 $\alpha \in \Lambda$ 都成立與 $E_\alpha \cap E_\beta = \emptyset$，如果 $\alpha, \beta \in \Lambda$ 且 $\alpha \neq \beta$，則存在一個集合 $A$，它的元素是由每一個 $E_\alpha (\alpha \in \Lambda)$ 中各取唯一的一個元素所組成。

(ii) **豪斯多夫極大定理 (Housdorff maximality theorem)**。在任意非空的偏序集合 $A$ 上都存在一個極大的全序子集合。

(iii) **榮恩引理 (Zorn's lemma)**。假設 $A$ 為一個非空的偏序集合。若 $A$ 的每個全序子集合都有一個上界，則 $A$ 有一個極大元素。

(iv) **良序定理**。在任意非空的集合 $A$ 上都存在一個良序 $\leq$，使得 $(A, \leq)$ 形成一個良序集合。

豪斯多夫 (Felix Hausdorff，1868–1942) 為一位德國數學家。他是拓樸學的創始人之一。榮恩 (Max August Zorn，1906–1993) 為一位德國裔美國數學家。

底下是與本節內容相關的一些習題。

**習題 5.4.1.** 令 $\Sigma = \{f : [0,1] \to \mathbb{R} \mid f$ 為連續函數$\}$。定義 $\Sigma$ 上的一個關係 $R$ 如下：$(f, g) \in R$，如果 $\int_0^1 f(x)dx \leq \int_0^1 g(x)dx$ 成立。試問關係 $R$ 為 $\Sigma$ 上的一個偏序嗎？

**習題 5.4.2.** 假設 $A$ 為一個非空集合。如果 $R$ 是 $A$ 上的一個嚴格偏序，證明 $R \cup \{(m, m) \mid m \in A\}$ 是 $A$ 上的一個偏序。

**習題 5.4.3.** 假設 $A$、$B$ 為二個偏序集合，$C$ 為 $A$ 的一個鏈，$D$ 為 $B$ 的一個鏈。證明如果 $A \times B$ 以字典序來偏序，則 $C \times D$ 為 $A \times B$ 的一個鏈。

**習題 5.4.4.** 假設 $A$ 是一個全序集合。證明 $A$ 中所有之截痕所形成的集合 (在包含偏序之下) 也是一個全序集合。

**習題 5.4.5.** 假設 $A$ 是一個良序集合：

(a) 證明 $A$ 中任意個截痕的交集也是 $A$ 的一個截痕。
(b) 證明 $A$ 中任意個截痕的聯集也是 $A$ 的一個截痕。

**習題 5.4.6.** 假設 $A$ 是一個良序集合，$B$ 與 $C$ 為 $A$ 的初始段。如果 $B \subset C$，證明 $B$ 是 $C$ 的一個初始段。

**習題 5.4.7.** 假設 $A$ 是一個全序集合，$B \subseteq A$ 且 $m \in B$。證明 $B$ 有一個最小元素若且唯若 $S_m \cap B$ 是空集合或有一個最小元素。

**習題 5.4.8.** 假設 $A$ 是一個全序集合。證明 $A$ 是一個良序集合若且唯若 $A$ 的每一個初始段也都是良序集合。

**習題 5.4.9.** 假設 $A$ 是一個良序集合。證明恆等映射 $\iota_A$ 是唯一一個自 $A$ 到 $A$ 的集合同構。

**習題 5.4.10.** 假設 $A$、$B$ 為二個良序集合。證明存在至多一個自 $A$ 到 $B$ 的集合同構。

**習題 5.4.11.** 假設 $A$、$B$ 為二個良序集合。若 $A$ 集合同構於 $B$ 的一個子集合，且 $B$ 集合同構於 $A$ 的一個子集合，證明 $A$ 集合同構於 $B$。

## §5.5　參考文獻

1. Krantz, S. G., The Elements of Advanced Mathematics, Fourth Edition, CRC Press, Boca Raton, FL, 2018.

2. Pinter, C. C., Set Theory, Addison-Wesley, Reading, MA, 1971.

# 第 6 章 基數

## §6.1 基數

在數學上,當給定兩個集合 A 與 B,我們常會想知道集合 A 與 B 之間,哪一個集合有較多的元素?如果這兩個集合裡面都只包含了有限多個元素,這個問題就很容易回答,只要數一數集合中元素的個數即可。如果一個集合 A 包含了有限多個元素,另一個集合 B 卻有無窮多個元素,這個問題也相對簡單,很明顯地,集合 B 有較多的元素。但是,當兩個集合都包含有無窮多個元素的時候,我們如何去判斷哪一個集合有較多的元素?

德國的數學家康托爾曾經對無窮的概念做相當深入的研究與探討。在這裡,我們先引進集合論裡所謂基數 (cardinal number) 或勢的概念。大致上來說,一個集合 $S$ 的基數就是代表這個集合裡面元素的多寡,或者說是這個集合的大小。在數學上,通常我們會以比較嚴謹的方式來定義基數。

當給定兩個集合 A 與 B 時,如果存在一個從 A 到 B 的一對一且映成的函數,或一對一的對應關係,我們便說集合 A 與 B 是等勢的 (equipotent)。很明顯地,集合等勢的定義在所有集合上形

成一個等價關係，同時它也把所有集合分割成彼此不相交的等勢類 (equipotence class)。底下就是基數的定義。

**定義 6.1.1.** 假設 $A$ 為一個集合，令 $\alpha$ 表示所有與 $A$ 等勢之集合所形成的等勢類。我們便稱 $\alpha$ 為集合 $A$ 的基數，並以符號 card($A$) 或 #$A$ 或 $|A|$ 來表示集合 $A$ 的基數。

對於任意正整數 $n$，令 $I_n = \{1, 2, \cdots, n\}$。

**定義 6.1.2.** 空集合 $\emptyset$ 與集合 $I_n$ 的基數分別以 $0$ 與 $n$ 表示之，並稱為有限基數 (finite cardinal number)。

因此，當給定兩個集合 $A$ 與 $B$ 時，透過基數的概念，我們便可以比較它們之間的大小。當集合 $A$ 與 $B$ 的基數都是有限時，如上所述，我們只要個別數一數便可以了。但是如果集合裡的元素是無窮多個的時候，我們就沒有辦法用數一數這個動作來判別集合之間基數的大小關係。因此，一個嚴謹且統一的論證方式是有其絕對的必要。所以在此我們先給予數學上關於判別基數大小的定義。

**定義 6.1.3.** 給定兩個集合 $A$ 與 $B$：
 (i) 如果集合 $A$ 與 $B$ 是等勢的，我們便說集合 $A$ 與 $B$ 有相同的基數，記為 $|A| = |B|$。
 (ii) 如果存在一個從 $A$ 到 $B$ 的一對一函數，我們則說集合 $A$ 的基數小於或等於集合 $B$ 的基數，記為 $|A| \leq |B|$。
 (iii) 如果存在一個從 $A$ 到 $B$ 的一對一函數，但是不存在任何一個從 $A$ 到 $B$ 的一對一且映成的函數，我們則說集合 $A$ 的基數嚴格小於集合 $B$ 的基數，記為 $|A| < |B|$。

## §6.1 基數

底下是幾個簡單的例子。

**例 6.1.4.** 若 $A = \{1, 2, 3\}$，$B = \{甲，乙，丙\}$，則 $|A| = 3 = |B|$。

**例 6.1.5.** 若 $A = \{3, 5, 7, 11\}$，$B = \{a, b, c, d, e\}$，則 $|A| = 4 < 5 = |B|$。

**例 6.1.6.** 若 $A$ 為 $B$ 的一個子集合，則 $|A| \leq |B|$。

有了基數的定義之後，為了對它作更深入的探討，我們便必須對集合之間等勢的問題有所理解。對於一般集合之間是否等勢的問題，幸好有數學家康托爾、伯恩斯坦與施洛德等人的研究貢獻，我們在集合論上才有比較清晰的脈絡可循。

伯恩斯坦 (Felix Bernstein，1878–1956) 為一位德國數學家，施洛德 (Ernst Schröder，1841–1902) 也是一位德國數學家。

底下我們便來敘述並證明這一個重要的定理。

**定理 6.1.7. (康托爾–伯恩斯坦–施洛德定理)** 假設 $X$ 與 $Y$ 為給定的兩個集合。若存在一個一對一的函數 $f : X \to Y$ 與一個一對一的函數 $g : Y \to X$，則集合 $X$ 與 $Y$ 有相同的基數，亦即，$|X| = |Y|$。

我們先證明一個輔助的引理。

**引理 6.1.8.** 假設 $X$ 為一個集合，且 $F : \mathcal{P}(X) \to \mathcal{P}(X)$ 為一個函數滿足

$$F(A) \subseteq F(B), \quad 如果 A \subseteq B \subseteq X,$$

則存在一個子集合 $E \subseteq X$ 滿足 $F(E) = E$。

**證明：**令

$$E = \bigcup_{A \subseteq F(A)} A,$$

其中 $A \subseteq X$。如果 $E = \emptyset$，我們有 $\emptyset \subseteq F(\emptyset)$。因此，再依據假設 $F(\emptyset) \subseteq F(F(\emptyset))$，亦即，$F(\emptyset) \subseteq E = \emptyset$。所以，得到 $\emptyset = F(\emptyset)$。

如果 $E \neq \emptyset$，且 $x \in E$，則存在一個 $A \subseteq F(A)$ 使得

$$x \in A \subseteq F(A) \subseteq F(E)。$$

因此，得到 $E \subseteq F(E)$。再依據假設 $F(E) \subseteq F(F(E))$，亦即，$F(E) \subseteq E$。因此，$F(E) = E$。證明完畢。 □

**定理 6.1.7 的證明：**有了引理 6.1.8 的輔助，我們便可以來證明康托爾–伯恩斯坦–施洛德的定理。首先定義一個函數 $F : \mathcal{P}(X) \to \mathcal{P}(X)$ 如下：

$$F = C_X \circ \overline{g} \circ C_Y \circ \overline{f},$$

其中 $\overline{f}, \overline{g}$ 在定義 4.2.10 中已經定義了，$C_X$ 與 $C_Y$ 則分別為集合 $X$ 與 $Y$ 上的補集運算。不難看出，如果 $A \subseteq B \subseteq X$，則我們有 $F(A) \subseteq F(B)$。因此，由引理 6.1.8 知道，存在一個子集合 $E \subseteq X$ 滿足 $E = F(E)$。接著，一個很關鍵的觀察就是，$\overline{g}(\overline{f}(E)^c) = E^c$。因此，利用集合 $E$，我們定義一個函數 $h : X \to Y$ 如下：

$$h(x) = \begin{cases} f(x), & \text{如果 } x \in E, \\ g^{-1}(x), & \text{如果 } x \in X - E。 \end{cases}$$

其中 $g^{-1}$ 為 $g$ 的反函數。因為 $g$ 是一對一函數，所以在集合 $X - E$

## §6.1 基數

上 $g$ 的反函數 $g^{-1}$ 是存在的。很明顯地，$h$ 就是一個自 $X$ 到 $Y$ 一對一且映成的函數。也因此，$X$ 與 $Y$ 有相同的基數。證明完畢。 □

以上的證明是由科羅德納所提出。

科羅德納 (Ignace I. Kolodner，1920–1996) 為一位波蘭、美國數學家。讀者也可以參閱文獻 [1][5] 得到不同的證明。

另外若依據定義 6.1.3 (ii)，我們可以把康托爾-伯恩斯坦-施洛德的定理重新敘述如下：

**定理 6.1.9. (康托爾-伯恩斯坦-施洛德定理)** 假設 $X$ 與 $Y$ 為給定的兩個集合。若 $|X| \le |Y|$ 且 $|Y| \le |X|$，則 $|X| = |Y|$，亦即，集合 $X$ 與 $Y$ 有相同的基數。

同時，一個有意義的觀察就是下面的定理。

**定理 6.1.10.** 假設 $X$ 與 $Y$ 為給定的兩個集合，則下面兩個敘述是彼此等價的：

(i) 存在一個一對一的函數 $f : X \to Y$，
(ii) 存在一個映成的函數 $g : Y \to X$。

**證明**：(i)$\Rightarrow$(ii)。假設 $f : X \to Y$ 是一個一對一的函數。任意選一個點 $x_0 \in X$，則函數 $\tilde{f} : Y \to X$ 定義如下：

$$\tilde{f}(y) = \begin{cases} f^{-1}(y), & \text{如果 } y \in f(X), \\ x_0, & \text{如果 } y \notin \overline{f}(X), \end{cases}$$

就是一個映成的函數。

(ii)⇒(i)。假設 $g : Y \to X$ 是一個映成函數。對於每一個 $x \in X$，考慮 $\{x\}$ 的逆像 $\overline{g}(x) \subset Y$。不難看出

$$\overline{g}(x_1) \cap \overline{g}(x_2) = \emptyset，\text{如果 } x_1, x_2 \in X \text{ 且 } x_1 \neq x_2，$$

與

$$Y = \bigcup_{x \in X} \overline{g}(x)。$$

因此，由策梅洛的選擇公設，對於每一個 $x \in X$，選一個 $\alpha_x \in \overline{g}(x)$。接著，定義函數

$$\tilde{g} : X \to Y$$
$$x \mapsto \alpha_x。$$

很明顯地，$\tilde{g} : X \to Y$ 便是一個一對一的函數。證明完畢。 □

所以，我們也可以利用定理 6.1.10 與康托爾–伯恩斯坦–施洛德的定理推得下面的結果。

**定理 6.1.11.** 假設 $X$ 與 $Y$ 為給定的兩個集合。若存在一個映成的函數 $f : X \to Y$ 與一個映成函數 $g : Y \to X$，則集合 $X$ 與 $Y$ 有相同的基數。

數學上一個很基本的問題就是：$\mathbb{R}$ 上的閉區間 $[0,1]$ 與 $\mathbb{R}^2$ 上的正方形 $[0,1] \times [0,1]$ 是否等勢？我們試著使用康托爾–伯恩斯坦–施洛德的定理來回答此問題。但是想證明存在一個 $f : [0,1] \times [0,1] \to [0,1]$ 之一對一函數，卻不是一件容易的事。因此，透過定理 6.1.10，我們反過來思考：是否存在一個映成函數 $h : [0,1] \to [0,1] \times [0,1]$？很明顯地，在幾何上這種映成函數就是一條填滿單位正方形之曲線 (space-filling curve)。

§6.1　基數　　　　　　　　　　　　　　　　　　　　　　　　161

　　由於曲線本身是一維的幾何圖形，很難想像一條曲線竟然可以把整個正方形填滿。在西元 1890 年，義大利的數學家皮亞諾首先證明了這種曲線的存在性。他的證明是以純分析的手法來完成的。所以，我們現在都把這類填滿正方形的曲線稱作皮亞諾曲線。然而隔年，在西元 1891 年，希爾伯特以幾何的方式提出了另一種建構皮亞諾曲線的方法，我們將此曲線稱之為希爾伯特曲線。在直覺上，這種幾何的建構方式會讓人更有感覺。另外，尚恩伯也提出一種簡單易懂的方法來構造此類曲線。有興趣的讀者可以參考文獻 [1][2][3]。

　　皮亞諾 (Giuseppe Peano，1858–1932) 為一位義大利數學家。希爾伯特 (David Hilbert，1862–1943) 為一位德國數學家。尚恩伯 (I. J. Schoenberg，1903–1990) 為一位羅馬尼亞裔美國數學家。

　　現在，經由我們對填滿單位正方形之曲線的認知，透過定理 6.1.10，便可以得到一個一對一函數 $f : [0,1] \times [0,1] \to [0,1]$。另外，一個一對一函數 $g : [0,1] \to [0,1] \times [0,1]$ 是很容易就可以得到的，比如說，令 $g(t) = (t, 0)$ ($0 \leq t \leq 1$)。這說明了 $\mathbb{R}$ 上的閉區間 $[0,1]$ 與 $\mathbb{R}^2$ 上的正方形 $[0,1] \times [0,1]$ 的確是等勢的，亦即，具有相同的基數。我們把此定理敘述如下。

**定理 6.1.12.** $\mathbb{R}$ 上的閉區間 $[0,1]$ 與 $\mathbb{R}^2$ 上的正方形 $[0,1] \times [0,1]$ 是等勢的。

　　接著我們定義有限集合與無窮集合。

**定義 6.1.13.** 我們說集合 $S$ 為一個有限集合，如果 $S = \emptyset$，或者存在一個正整數 $n$ 使得 $S$ 與 $I_n$ 為等勢的。如果集合 $S$ 不是一個有限集合，我們便說 $S$ 為一個無窮集合 (infinite set)。

**定理 6.1.14.** $\mathbb{N}$ 是一個無窮集合。

**證明：** 如果 $\mathbb{N}$ 是一個有限集合，則依據定義 6.1.13 存在一個正整數 $n$ 與一個一對一且映成的函數 $\varphi : \{1, 2, \cdots, n\} \to \mathbb{N}$。令

$$m = 2 + \sum_{j=1}^{n} \varphi(j) \in \mathbb{N}。$$

再由函數 $\varphi$ 的定義，得到一個 $k$ ($1 \leq k \leq n$) 使得 $\varphi(k) = m$。因此，$\varphi(k) = m = 2 + \sum_{j=1}^{n} \varphi(j)$，亦即，

$$0 = 2 + \sum_{j \neq k} \varphi(j)。$$

這是一個矛盾。所以，$\mathbb{N}$ 的基數不會是某個正整數 $n$。$\mathbb{N}$ 是一個無窮集合。證明完畢。 $\square$

**定義 6.1.15.** 如果集合 $S$ 與 $\mathbb{N}$ 具有同樣的基數，我們則說 $S$ 為一個可數的無窮集合 (countably infinite set)。

很明顯地，所有正偶數所形成的集合為一個可數的無窮集合。

**定理 6.1.16.** 若 $S$ 為一個集合，則 $S$ 與其冪集合 $\mathcal{P}(S)$ 不具有同樣的基數。

**證明：** (I) 如果 $S = \emptyset$，則 $\mathcal{P}(S) = \{\emptyset\}$。因此，$|S| = 0 \neq 1 = |\mathcal{P}(S)|$。

(II) 如果 $S \neq \emptyset$，並假設存在一個一對一且映成的函數 $\varphi : S \to \mathcal{P}(S)$。接著，我們考慮一個 $S$ 的子集合 $E$ 定義如下：$E = \{s \in S \mid s \notin \varphi(s)\}$。因為 $E \in \mathcal{P}(S)$，$\varphi$ 為映成函數，所以存在一個 $s_0 \in S$ 使得 $\varphi(s_0) = E$。如果 $s_0 \in \varphi(s_0) = E$，則由 $E$ 的定義知道 $s_0 \notin E$；

§6.1 基數

若 $s_0 \notin \varphi(s_0) = E$，則 $s_0 \in E$。這都導致於相互矛盾。也就是說，不存在任何一個自 $S$ 至 $\mathcal{P}(S)$ 一對一且映成的函數。證明完畢。 □

這是由康托爾所提出一個極具創意的證明。

**推論 6.1.17.** 正整數 $\mathbb{N}$ 與其冪集合 $\mathcal{P}(\mathbb{N})$ 是不等勢的。

**定義 6.1.18.** 我們說集合 $S$ 是可數的，如果 $S$ 是一個有限集合或者 $S$ 是一個可數的無窮集合；集合 $S$ 是不可數的，如果 $S$ 不是可數的。

**定理 6.1.19.** 冪集合 $\mathcal{P}(\mathbb{N})$ 是一個不可數的無窮集合。

**證明：**首先，由推論 6.1.17 得知，$\mathcal{P}(\mathbb{N})$ 不是一個可數的無窮集合。如果 $\mathcal{P}(\mathbb{N})$ 是一個有限的集合，則存在一個正整數 $n$ 與一個一對一且映成的函數 $\varphi : I_n \to \mathcal{P}(\mathbb{N})$。定義一個正整數 $\beta$ 如下：

$$\beta = 3\sum_{j=1}^{n} \alpha_j ,$$

其中，$1 \leq j \leq n$，

$$\alpha_j = \begin{cases} 1, & \text{如果 } \varphi(j) \text{ 的基數不是 } 1, \\ n_j, & \text{如果 } \varphi(j) = \{n_j\}。\end{cases}$$

因此，由 $\varphi$ 的定義知道，存在一個 $j_0$ $(1 \leq j_0 \leq n)$ 滿足 $\varphi(j_0) = \{\beta\}$，亦即，

$$\alpha_{j_0} = \beta = 3\sum_{j=1}^{n} \alpha_j。$$

因此，推得

$$0 = 2\beta + 3\sum_{j \neq j_0} \alpha_j。$$

很明顯地，這是一個矛盾。所以，$\mathcal{P}(\mathbb{N})$ 不是一個有限的集合，得到 $\mathcal{P}(\mathbb{N})$ 是一個不可數的無窮集合。證明完畢。 □

底下是與本節內容相關的一些習題。

**習題 6.1.1.** 證明 $\mathbb{R}$ 與任意開區間 $(a,b)$、閉區間 $[a,b]$、半開半閉區間 $[a,b)$、$(a,b]$、$-\infty < a < b < \infty$，都有相同的基數。

**習題 6.1.2.** 證明 $\mathbb{R}$ 與任意無窮開區間 $(a,\infty)$、$(-\infty,b)$、無窮閉區間 $[a,\infty)$、$(-\infty,b]$、$-\infty < a,b < \infty$，都有相同的基數。

**習題 6.1.3.** 證明 $\mathbb{R}$ 是一個無窮集合。

**習題 6.1.4.** 證明集合 $[0,1] \times [0,1]$、$(0,1) \times (0,1)$ 與 $\mathbb{R}^2$ 都是等勢的。

**習題 6.1.5.** 若 $E$ 為 $\mathbb{R}^2$ 中的一個子集合且 $E$ 包含了一個線段，證明 $E$ 和 $[0,1]$ 是等勢的。

## §6.2 可數與不可數集合

在本節裡，我們要對可數與不可數集合作更進一步的討論。首先，我們證明底下的定理。它也提供了一個很重要的例子。

**定理 6.2.1.** $\mathbb{N}$ 的任意子集合也是可數的。

## §6.2　可數與不可數集合

**證明：** 我們可以假設此子集合 $E \subset \mathbb{N}$ 也是一個無窮的集合，否則便不需要再多加證明。因此，利用歸納的方式，我們將自 $\mathbb{N}$ 至 $E$ 建構一個一對一且映成的函數 $\varphi$ 如下：因為 $\mathbb{N}$ 上有自然數良序原理，我們定義 $\varphi(1)$ 為 $E$ 中最小之正整數。對於任意正整數 $n$，我們則定義 $\varphi(n+1)$ 為 $E - \{\varphi(1), \varphi(2), \cdots, \varphi(n)\}$ 中最小之正整數。很明顯地，$\varphi$ 是一個一對一的函數，並且滿足 $\varphi(n) \geq n$，對於每一個 $n \in \mathbb{N}$ 都成立。所以，我們只要再證明 $\varphi$ 是一個映成的函數就可以了。

如果 $\varphi(\mathbb{N}) \neq E$，任意選一個 $m \in E - \varphi(\mathbb{N})$，得到 $\varphi(m) \geq m$。因為 $m \notin \varphi(\mathbb{N})$，所以，$\varphi(m) > m$ 且 $m > 1$。同時，依據 $\varphi$ 的定義，$\varphi(m)$ 是 $E - \{\varphi(1), \varphi(2), \cdots, \varphi(m-1)\}$ 中最小之正整數。因此，得到 $m \in \{\varphi(1), \varphi(2), \cdots, \varphi(m-1)\}$。這是一個矛盾。所以，$\varphi$ 是一個映成的函數，亦即，$E$ 是一個可數的無窮集合。證明完畢。　　□

**定理 6.2.2.** 一個集合 $S$ 是可數的若且唯若存在一個自 $S$ 到 $\mathbb{N}$ 之一對一函數。

**證明：** 假設 $S$ 是一個集合且 $f : S \to \mathbb{N}$ 是一個一對一函數。我們可以假設 $S$ 是一個無窮的集合，所以 $f(S)$ 是 $\mathbb{N}$ 的一個無窮的子集合。因此，由定理 6.2.1，存在一個一對一且映成的函數 $g : \mathbb{N} \to f(S)$。不難看出，$f^{-1} \circ g : \mathbb{N} \to S$ 就是一個一對一且映成的函數。所以，$S$ 是一個可數的無窮集合，亦即，$S$ 是可數的。

反過來說，如果 $S$ 是一個可數的集合，依據定義 6.1.18，則 $S$ 是一個有限集合或者 $S$ 是一個可數的無窮集合。因此，很明顯地，存在一個自 $S$ 到 $\mathbb{N}$ 之一對一函數。證明完畢。　　□

一般而言，底下的定理在理解集合的可數性時是非常有用的。

**定理 6.2.3.** 假設 $E = \bigcup_{\alpha \in \Lambda} S_\alpha$，其中指標集合 $\Lambda$ 與每一個 $S_\alpha$ ($\alpha \in \Lambda$) 都是可數的集合，則集合 $E$ 也是可數的。

**證明：** 經由定理 6.2.2，我們只要證明存在一個自 $E$ 到 $\mathbb{N}$ 之一對一函數就可以了。首先，因為指標集合 $\Lambda$ 與每一個集合 $S_\alpha$ ($\alpha \in \Lambda$) 都是可數的，所以由定理 6.2.2 得知，存在一個 $h: \Lambda \to \mathbb{N}$ 之一對一函數，並且透過選擇公設，對每一個 $\alpha \in \Lambda$ 選一個 $m_\alpha : S_\alpha \to \mathbb{N}$ 之一對一函數。現在對於每一個點 $x \in E$，令

$$\Lambda_x = \{\alpha \in \Lambda \mid x \in S_\alpha\}\text{，}$$

得到 $h(\Lambda_x)$ 為 $\mathbb{N}$ 的一個非空子集合。接著，再由 $\mathbb{N}$ 上之自然數良序原理，令 $n(x)$ 為 $h(\Lambda_x)$ 中最小之正整數，同時令 $\beta_x$ 為 $\Lambda_x$ 裡唯一的一個指標使得 $h(\beta_x) = n(x)$。

有了這些準備工作之後，現在我們定義函數

$$\varphi : E \to \mathbb{N}$$
$$x \mapsto \varphi(x) = 3^{n(x)} 5^{m_{\beta_x}(x)}\text{。}$$

假設對於 $x, y \in E$，我們有 $\varphi(x) = \varphi(y)$，亦即，$3^{n(x)} 5^{m_{\beta_x}(x)} = 3^{n(y)} 5^{m_{\beta_y}(y)}$。經由正整數之質因數分解定理，我們馬上得到 $n(x) = n(y)$ 與 $m_{\beta_x}(x) = m_{\beta_y}(y)$。又因為 $h$ 為一個一對一函數，所以 $\beta_x = \beta_y$。再加上 $m_{\beta_x}$ 也是一個一對一函數，得到 $x = y$。因此，$\varphi$ 是一個自 $E$ 到 $\mathbb{N}$ 之一對一函數。證明完畢。 □

接著，透過策梅洛的選擇公設或良序定理，我們也可以得到下面類似的定理。

**定理 6.2.4.** 任意一個無窮集合 $S$ 都包含有一個可數的無窮子集合。

## §6.2　可數與不可數集合

**證明 (I)**：假設 $S$ 為一個無窮集合。對於每一個正整數 $n \in \mathbb{N}$，令 $\mathcal{C}_n$ 為 $S$ 中所有與 $I_n$ 等勢的子集合所形成的集合。很明顯地，$\mathcal{C}_1 \neq \emptyset$。如果 $\mathcal{C}_n \neq \emptyset$ $(n \in \mathbb{N})$，則存在一個 $S$ 的子集合 $E_n \in \mathcal{C}_n$。又因為 $S$ 為一個無窮集合，存在一個元素 $x \in S - E_n$，推得 $E_{n+1} = E_n \cup \{x\} \in \mathcal{C}_{n+1}$。這說明了，經由數學歸納法，$\mathcal{C}_n \neq \emptyset$ 對於每一個正整數 $n \in \mathbb{N}$ 都成立。

因此，透過策梅洛的選擇公設，對於每一個正整數 $n \in \mathbb{N}$，選取一個 $E_n \in \mathcal{C}_n$。令 $S' = \bigcup_{n=1}^{\infty} E_n$，得到 $S' \subseteq S$。我們說 $S'$ 為一個無窮集合。如果 $S'$ 為一個有限集合，則 $S'$ 會與某個 $I_j$ $(j \in \mathbb{N})$ 等勢。又由於 $E_{j+1} \subseteq S'$，所以得到一個矛盾。因此，$S'$ 為一個無窮集合。最後，再利用定理 6.2.3，得知 $S'$ 是 $S$ 裡一個可數的無窮子集合。

**證明 (II)**：利用策梅洛的良序定理，我們先在 $S$ 上定義一個良序。因此，利用歸納的方式，我們將建構一個一對一的函數 $\varphi : \mathbb{N} \to S$ 如下：首先，定義 $\varphi(1)$ 為 $S$ 中最小之元素。對於任意正整數 $n$，我們則定義 $\varphi(n+1)$ 為 $S - \{\varphi(1), \varphi(2), \cdots, \varphi(n)\}$ 中最小之元素。不難得知，$\varphi$ 是一個一對一的函數。因此，$\varphi(\mathbb{N})$ 就是 $S$ 裡一個可數的無窮子集合。證明完畢。　□

現在利用定理 6.2.3，我們可以得到下面的結果。

**例 6.2.5.** 整數 $\mathbb{Z}$ 是一個可數的無窮集合。只要把整數 $\mathbb{Z}$ 寫成

$$\mathbb{Z} = \{n \mid n \in \mathbb{N}\} \cup \{0\} \cup \{-n \mid n \in \mathbb{N}\},$$

就可以了。

**例 6.2.6.** 有理數 $\mathbb{Q}$ 是一個可數的無窮集合。同樣地，只要把有理數

$\mathbb{Q}$ 寫成

$$\mathbb{Q} = \bigcup_{p \in \mathbb{N}} \left\{ \frac{q}{p} \;\middle|\; q \in \mathbb{Z} \right\},$$

就可以了。

**定理 6.2.7.** $\mathbb{N} \times \mathbb{N}$ 是一個可數的無窮集合。

**證明 (I)**：依據 $\mathbb{N} \times \mathbb{N}$ 的定義，把此乘積寫成

$$\mathbb{N} \times \mathbb{N} = \{(a,b) \mid a,b \in \mathbb{N}\}$$
$$= \bigcup_{a \in \mathbb{N}} \{(a,b) \mid b \in \mathbb{N}\}。$$

所以，由定理 6.2.3 知道，$\mathbb{N} \times \mathbb{N}$ 是一個可數的無窮集合。

**證明 (II)**：我們也可以利用康托爾–伯恩斯坦–施洛德的定理來證明此定理。首先，

$$f : \mathbb{N} \to \mathbb{N} \times \mathbb{N}$$
$$n \mapsto (n,1),$$

為一個一對一的函數。另外，

$$g : \mathbb{N} \times \mathbb{N} \to \mathbb{N}$$
$$(m,n) \mapsto m \cdot 10^{m+n} + n,$$

也是一個一對一的函數。因為，如果 $n$ 為 $k$ 位數，則 $n \geq k$，且在正整數 $g(m,n)$ 的表現式中會有 $m+n-k$ 個 0 介於 $m$ 與 $n$ 之間。因此，$g$ 是一個一對一的函數，也推得 $|\mathbb{N}| = |\mathbb{N} \times \mathbb{N}|$。證明完畢。 □

**定理 6.2.8.** 假設 $S$ 為一個非空的可數集合，則 $S \times \mathbb{R}$ 與 $\mathbb{R}$ 為等勢的，亦即，具有相同的基數。

## §6.2　可數與不可數集合

**證明：** 我們將利用康托爾–伯恩斯坦–施洛德的定理來完成此一定理的證明。首先，由於 $\mathbb{R}$ 與開區間 $(0,1)$ 為等勢的，所以存在一個一對一且映成的函數 $\alpha : \mathbb{R} \to (0,1)$。又因為 $S$ 為一個可數的集合，所以存在一個一對一的函數 $\beta : S \to \mathbb{N}$。因此，得到一個一對一的函數

$$f : S \times \mathbb{R} \to \mathbb{R}$$
$$(s, r) \mapsto \beta(s) + \alpha(r) \, \text{。}$$

另一方面，選定一個 $s_0 \in S$，則

$$g : \mathbb{R} \to S \times \mathbb{R}$$
$$r \mapsto (s_0, r)$$

也是一個一對一的函數。因此，由康托爾–伯恩斯坦–施洛德的定理知道，$S \times \mathbb{R}$ 與 $\mathbb{R}$ 為等勢的。證明完畢。　□

現在，假設 $A$、$B$ 為二集合。在第四章裡，我們定義符號 $B^A$ 表示所有自 $A$ 到 $B$ 之函數所形成的集合。因此，如果我們回顧 $2$ 的集合定義 $2 = \{0, 1\}$，則對於任意集合 $X$，符號 $2^X$ 便是所有自 $X$ 到 $\{0, 1\}$ 之函數所形成的集合。因此，由定理 4.3.3，底下的定理也就自然成立。

**定理 6.2.9.** 假設 $X$ 為一集合，則 $2^X$ 與 $\mathcal{P}(X)$ 有同樣的基數。

數學上，如果集合 $X$ 的基數為 $|X|$，我們便把 $2^X$ 或 $\mathcal{P}(X)$ 的基數記為 $2^{|X|}$。正整數 $\mathbb{N}$ 的基數通常以符號 $\aleph_0$ (唸作 aleph-null) 表示之，而用符號 $\mathfrak{c}$ 來表示 $\mathbb{R}$ 的基數。由於實數 $\mathbb{R}$ 與閉區間 $[0, 1]$ 為等勢的，底下我們將證明 $[0, 1]$ 與 $2^{\mathbb{N}}$ 具有相同的基數，亦即，$\mathfrak{c} = 2^{\aleph_0}$。

**定理 6.2.10.** 閉區間 $[0, 1]$ 與 $\mathcal{P}(\mathbb{N})$ 具有相同的基數。

**證明：** 假設 $E \subseteq \mathbb{N}$。如果 $E$ 是一個無窮集合時，把 $E$ 寫成 $E = \{n_1, n_2, \cdots, n_j, \cdots\}$，其中 $n_j < n_{j+1}$，對於每一個 $j \in \mathbb{N}$ 都成立；如果 $E$ 是一個非空之有限集合時，把 $E$ 寫成 $E = \{n_1, \cdots, n_k\}$，某一個 $k \in \mathbb{N}$。然後，定義函數 $f : \mathcal{P}(\mathbb{N}) \to [0,1]$ 如下：

$$f(E) = \begin{cases} 0, & \text{如果 } E = \emptyset, \\ \sum_{j=1}^{k} \frac{1}{10^{n_j}}, & \text{如果 } E \text{ 是一個非空之有限集合}, \\ \sum_{j=1}^{\infty} \frac{1}{10^{n_j}}, & \text{如果 } E \text{ 是一個無窮集合}. \end{cases}$$

很明顯地，$f$ 是一個一對一的函數。

現在，我們再定義一個函數 $g : \mathcal{P}(\mathbb{N}) \to [0,1]$ 如下：

$$g(E) = \begin{cases} 0, & \text{如果 } E = \emptyset, \\ \sum_{j=1}^{k} \frac{1}{2^{n_j}}, & \text{如果 } E \text{ 是一個非空之有限集合}, \\ \sum_{j=1}^{\infty} \frac{1}{2^{n_j}}, & \text{如果 } E \text{ 是一個無窮集合}. \end{cases}$$

這個時候不難看出 $g$ 是一個映成的函數。因此，由定理 6.1.10 知道，存在一個自 $[0,1]$ 到 $\mathcal{P}(\mathbb{N})$ 之一對一函數。最後再經由康托爾–伯恩斯坦–施洛德的定理，即可推得閉區間 $[0,1]$ 與 $\mathcal{P}(\mathbb{N})$ 具有相同的基數。證明完畢。 □

因此，由習題 6.1.1、定理 6.1.16、定理 6.2.9 與定理 6.2.10，可以得到以下的推論。

**推論 6.2.11.** 實數 $\mathbb{R}$ 與開區間 $(0,1)$、閉區間 $[0,1]$、$2^{\mathbb{N}}$ 與 $\mathcal{P}(\mathbb{N})$ 都具有相同的基數 $\mathfrak{c}$。

**推論 6.2.12.** $|\mathbb{R}| > |\mathbb{N}|$，亦即，$\mathfrak{c} > \aleph_0$。

底下是與本節內容相關的一些習題。

**習題 6.2.1.** 假設 $S$ 是一個可數的集合且 $x \in S$。證明 $S - \{x\}$ 也是一個可數的集合。

**習題 6.2.2.** 對於每一個 $n \in \mathbb{N}$，證明 $\mathbb{N}$ 上所有基數為 $n$ 之子集合所形成的集合是一個可數的無窮集合。

**習題 6.2.3.** 證明所有 $\mathbb{N}$ 的有限子集合所形成的集合是一個可數的無窮集合。

**習題 6.2.4.** 證明所有 $\mathbb{N}$ 的無窮子集合所形成的集合是一個不可數的無窮集合。

**習題 6.2.5.** 假設 $\mathcal{C}$ 是 $\mathbb{R}$ 上一些彼此不相交之開區間所形成的集合。證明 $\mathcal{C}$ 是一個可數的集合。

**習題 6.2.6.** 證明兩個可數集合的乘積也是一個可數的集合。

**習題 6.2.7.** 證明所有無理數所形成的集合是一個不可數的無窮集合。

## §6.3 基數算術

對於任意一個集合 $S$，我們似乎隱含著把集合 $S$ 連結到一個抽象的詞，即 $S$ 的基數。大致上來說，基數是用來表示這個集合的「大小」。當集合 $S$ 的基數為無窮大時，這是一個蠻抽象、不容易掌握的概念。在本節裡，我們將對集合基數的算術運算 (cardinal arithmetic) 作一初步的介紹。

當給定兩個基數 $\alpha$ 與 $\beta$ 時，我們直接面對的一個基本問題就是：要如何對它們做加法？什麼形式的加法？首先，我們回憶一下基數的定義。由於 $\alpha$ 與 $\beta$ 為兩個給定的基數，依據基數的定義，它們都是等勢類，所以存在兩個集合 $A$ 與 $B$ 使得 $\alpha = |A|$ 與 $\beta = |B|$。在這裡我們並未要求 $A$ 與 $B$ 是不相交的。然而在基數相加的運算之下，集合不相交似乎是一個必須的要求。幸好這個條件很容易就可以達成。我們不妨把集合 $A$、$B$ 以集合 $A_1 = \{(1, a) \mid a \in A\}$ 與 $B_1 = \{(2, b) \mid b \in B\}$ 取而代之，則有 $\alpha = |A| = |A_1|$ 與 $\beta = |B| = |B_1|$ 且 $A_1 \cap B_1 = \emptyset$。有了這樣的理解之後，我們便可以對基數的加法作如下的定義。

**定義 6.3.1.** 假設 $\alpha$ 與 $\beta$ 為二個給定的基數，$A$ 與 $B$ 為二個不相交的集合滿足 $\alpha = |A|$ 與 $\beta = |B|$，則 $\alpha + \beta = |A \cup B|$。

在定義 6.3.1 中，集合 $A$、$B$ 的選取是隨意的，只要它們滿足 $\alpha = |A|$、$\beta = |B|$ 與 $A \cap B = \emptyset$ 就可以了。底下的定理便很容易得到。

**定理 6.3.2.** 假設 $\alpha$、$\beta$ 與 $\gamma$ 為三個基數，則

(i) $\alpha + \beta = \beta + \alpha$。
(ii) $\alpha + (\beta + \gamma) = (\alpha + \beta) + \gamma$。
(iii) $\alpha + 0 = \alpha$。

本定理的證明放在習題裡，由讀者自行驗證。

**定義 6.3.3.** 我們說基數 $\alpha$ 為一個有限基數，如果存在一個有限集合 $A$ 使得 $\alpha = |A|$。

## §6.3 基數算術

**定理 6.3.4.** 假設 $n$ 為一個有限基數,則

(i) $\aleph_0 + n = \aleph_0$。
(ii) $\aleph_0 + \aleph_0 = \aleph_0$。
(iii) $\mathfrak{c} + \mathfrak{c} = \mathfrak{c}$。

**證明:** (i) 的證明是明顯的。(ii) 的證明由定理 6.2.3 就可以得到。至於 (iii) 的證明,令 $A = [0,1]$,$B = [9,10]$,則 $\mathfrak{c} = |A| = |B|$ 且 $A \cap B = \emptyset$。因此,$\mathfrak{c} + \mathfrak{c} = |A \cup B| = \mathfrak{c}$。證明完畢。 □

假設 $\alpha$ 與 $\beta$ 為兩個給定的基數。令集合 $A$ 與 $B$ 滿足 $\alpha = |A|$,$\beta = |B|$。依據定義 6.1.3 (ii),$\alpha \leq \beta$ 表示存在一個一對一函數 $f$ 自 $A$ 映射到 $B$。因此,得到 $B = \overline{f}(A) \cup (B - \overline{f}(A))$。因為 $\alpha = |A| = |\overline{f}(A)|$,如果我們令 $\gamma = |B - \overline{f}(A)|$,則依據基數的加法定義便得到 $\beta = \alpha + \gamma$。反之亦然。是以我們也可以作如下的定義。

**定義 6.3.5.** 假設 $\alpha$ 與 $\beta$ 為兩個給定的基數。我們說 $\alpha \leq \beta$,如果存在一個基數 $\gamma$ 使得 $\beta = \alpha + \gamma$。

**定理 6.3.6.** 假設 $\alpha$ 與 $\beta$ 為兩個給定的基數,則

(i) $\alpha \leq \alpha$。
(ii) 如果 $\alpha \leq \beta$ 且 $\beta \leq \gamma$,則 $\alpha \leq \gamma$。
(iii) (康托爾–伯恩斯坦–施洛德定理) 如果 $\alpha \leq \beta$ 且 $\beta \leq \alpha$,則 $\alpha = \beta$。

定理 6.3.6 (iii) 即定理 6.1.7。另外,定理 6.3.6 也敘述了基數之間的關係「$\leq$」滿足偏序所要求的三個條件。因此,很自然地,我們會問:「$\leq$」在所有基數之間會是一個良序嗎?這個答案是否定的。

主要是因為所有之基數不會形成一個集合。假如所有之基數會形成一個集合，則
$$C = \{\alpha \mid \alpha \text{ 為一基數}\}$$
為一個集合。因此，對於每一個 $\alpha \in C$，存在一個集合 $S_\alpha$ 使得 $\alpha = |S_\alpha|$。現在，考慮集合
$$S = \bigcup_{\alpha \in C} S_\alpha \text{。}$$
由於集合 $2^S$ 的基數為 $|2^S| = 2^{|S|}$，所以，集合 $2^S$ 與 $S_{2^{|S|}}$ 為等勢的。因為 $S_{2^{|S|}} \subseteq S$，推得
$$2^{|S|} \leq |S| \text{。}$$
但是依據定理 6.1.16，我們有
$$|S| < 2^{|S|} \text{。}$$
這是一個矛盾。因此，所有之基數不會形成一個集合。但是，我們仍然可以證得下面的定理。

**定理 6.3.7.** 假設 $S$ 為某些基數所形成的集合，則 $(S, \leq)$ 是一個良序集合。

**證明：**首先，由定理 6.3.6 知道，$\leq$ 為 $S$ 上的一個偏序。現在，令 $\mathcal{A}$ 為 $S$ 的一個非空子集合。我們要證明 $\mathcal{A}$ 有一個最小的元素。

隨意選取一個基數 $\alpha \in \mathcal{A}$。如果 $\alpha$ 正好是 $\mathcal{A}$ 中最小的元素，證明就結束了。否則，我們考慮集合
$$\mathcal{B} = \{\beta \in \mathcal{A} \mid \beta < \alpha\} \text{。}$$
接著，選一個集合 $E$ 使得 $\alpha = |E|$，再利用策梅洛的良序定理，良序集合 $E$。現在，對於任意 $\beta \in \mathcal{B}$，選一個集合 $G$ 使得 $\beta = |G|$。我

## §6.3 基數算術

們定義一個函數 $\phi: \mathcal{B} \to E$ 如下：$\phi(\beta) = x$ 為 $E$ 中最小的元素 $x$ 使得 $G$ 與 $E$ 之初始段 $S_x$ 為等勢的。不難看出，$\phi$ 是一個一對一函數。因此，得到 $E$ 中一個非空的子集合 $E_\alpha = \{\phi(\beta) \mid \beta \in \mathcal{B}\}$。由於 $E$ 是一個良序集合，所以在 $E_\alpha$ 中存在一個最小的元素 $\phi(\gamma)$，$\gamma \in \mathcal{B}$。

我們說 $\gamma$ 就是 $\mathcal{B}$ 中最小的元素。選一個集合 $D$ 使得 $\gamma = |D|$。因為對於任意 $\beta \in \mathcal{B}$，得到 $\phi(\gamma) \leq \phi(\beta)$，推得 $S_{\phi(\gamma)} \subseteq S_{\phi(\beta)}$。這樣就定義了一個一對一的函數

$$D \to S_{\phi(\gamma)} \hookrightarrow S_{\phi(\beta)} \to G,$$

得到 $\gamma \leq \beta$。注意到第二個映射是包含映射。也因此，$\gamma$ 就是 $\mathcal{A}$ 中最小的元素。證明完畢。 □

一個簡單的例子就是把正整數看成基數，則 $(\mathbb{N}, \leq)$ 便是一個良序集合。另外，利用定理 5.4.31，我們也有下面的性質。

**定理 6.3.8.** 假設 $\alpha$ 與 $\beta$ 為兩個給定的基數，則 $\alpha \leq \beta$ 或 $\beta \leq \alpha$。

講到此，在所有的基數之間我們便有了加法與偏序的概念。為了進一步模仿正整數的算術運算，底下我們再定義基數的乘積。對於基數的乘積，我們會得到一些與正整數乘積不太相同的結論。

**定義 6.3.9.** 假設 $\alpha$ 與 $\beta$ 為兩個給定的基數，並假設 $A$、$B$ 為兩集合滿足 $\alpha = |A|$ 與 $\beta = |B|$。定義 $\alpha$ 與 $\beta$ 的乘積為 $\alpha\beta = |A \times B|$，其中 $A \times B$ 為集合 $A$ 與 $B$ 的乘積。

注意到基數 $\alpha$ 與 $\beta$ 的乘積定義是與集合 $A$、$B$ 的選取無關的。底下是有關基數乘積的一些性質。

**定理 6.3.10.** 假設 $\alpha$、$\beta$ 與 $\gamma$ 為三個給定的基數，則我們有下面的性質：

(i) (乘法交換律) $\alpha\beta = \beta\alpha$。
(ii) (乘法結合律) $\alpha(\beta\gamma) = (\alpha\beta)\gamma$。
(iii) (乘法對加法的分配律) $\alpha(\beta + \gamma) = \alpha\beta + \alpha\gamma$。
(iv) 如果 $\alpha\beta = 0$，則 $\alpha = 0$ 或 $\beta = 0$。
(v) 如果 $\alpha \leq \beta$，則 $\alpha\gamma \leq \beta\gamma$。
(vi) $\alpha \cdot 0 = 0$ 且 $\alpha \cdot 1 = \alpha$。

讀者不難驗證定理 6.3.10。接著，我們敘述一個有關於基數 $\aleph_0 = |\mathbb{N}|$ 與 $\mathfrak{c} = |\mathbb{R}|$ 的定理。

**定理 6.3.11.** 令 $n$ 為一個有限基數，則

(i) $n\aleph_0 = \aleph_0$。
(ii) $\aleph_0\aleph_0 = \aleph_0$。
(iii) $n\mathfrak{c} = \mathfrak{c}$。
(iv) $\mathfrak{c}\mathfrak{c} = \mathfrak{c}$。
(v) $\aleph_0\mathfrak{c} = \mathfrak{c}$。

**證明：** (i) 由定理 6.2.3 即可得到。(ii)、(iii)、(iv) 與 (v) 是定理 6.2.7、定理 6.2.8、定理 6.1.12 與定理 6.2.8 分別以基數乘積來敘述的形式。證明完畢。 □

由定理 6.3.11 可以看出，一般而言，基數乘積是沒有消去律 (cancellation law) 的。

底下是與本節內容相關的一些習題。

## §6.4　連續統假設

**習題 6.3.1.** 假設 $A$ 與 $B$ 是二個不相交的集合，$A^*$ 與 $B^*$ 也是二個不相交的集合。如果 $A$ 與 $A^*$ 等勢，$B$ 與 $B^*$ 等勢，則 $A \cup B$ 與 $A^* \cup B^*$ 也是等勢的。

**習題 6.3.2.** 證明定理 6.3.2。

**習題 6.3.3.** 證明定理 6.3.6 (i) 與 (ii)。

**習題 6.3.4.** 如果 $\alpha$ 是一個基數，證明存在一個基數 $\beta$ 使得 $\alpha < \beta$。

**習題 6.3.5.** 證明定理 6.3.10。

## §6.4　連續統假設

假設 $X$ 是 $\mathbb{R}$ 的一個無窮子集合。首先，經由定理 6.2.4 知道，$X$ 包含有一個可數的無窮子集合，也就是說，$\aleph_0 \leq |X| \leq c$。除此之外，同時也衍生出一個集合論上極具深度的問題，亦即，上述不等式中的二個不等式是否有可能都成為嚴格不等式？在西元 1884 年，康托爾宣稱他對這個問題得到了一個正解，也就是所謂的連續統假設 (continuum hypothesis)，敘述如下。

**連續統假設.** 不存在一個 $\mathbb{R}$ 的無窮子集合其基數是絕對大於 $\mathbb{N}$ 的基數，且絕對小於 $\mathbb{R}$ 的基數。

因此，連續統假設就是說不存在一個無窮集合 $S \subseteq \mathbb{R}$ 滿足 $\aleph_0 < |S| < c$，也就是說，$\aleph_0$ 的下一個基數 $\aleph_1 = c = 2^{\aleph_0}$。然而，康托爾

當時對這個問題的論證是有錯誤的。是以終其一生，康托爾一直想對這個問題提出一個正確的證明，卻未能成功。

因此，於西元 1900 年，當希爾伯特在第二屆國際數學家大會上發表演講時，提出了 23 個他認為二十世紀數學家所必須面對的重要數學問題。其中第一個就是康托爾所提出的連續統假設。同時他也點出證明良序定理的需要與急迫性。

首先，在西元 1904 年，策梅洛證明了良序定理。這是數學上的一大進展。然而，在西元 1931 年，當哥德爾發表他的不完備定理 (incompleteness theorem) 之後，似乎又造成數學上的一些紛擾。主要是因為不完備定理大致上敘述如下：任何包含一般算術且具一致性的數學系統，也會包含一個命題在這個系統內是無法被證明或反駁的。也因此，數學界又開始懷疑在現有的策梅洛–弗蘭克爾公設系統所形成的集合論與選擇公設 (簡稱 $ZFC$) 之下，連續統假設是否有可能被證明？

接著，哥德爾在西元 1938 年又證明了連續統假設與 $ZFC$ 公設系統所形成的集合論是相容的，亦即，$ZFC$ 公設系統的集合論是無法反駁連續統假設。這當然離證明連續統假設還有一大段的落差。又經過了大約三十年，在西元 1963 年，柯恩證明了 $ZFC$ 公設系統的集合論也是無法反駁連續統假設的否命題。柯恩也因為此數學上的成就而獲頒數學界之最高榮耀——菲爾茲獎 (Fields medal)。這一劃時代的工作與哥德爾在 1930 年代的工作一起證明了連續統假設和選擇公設分別獨立於 $ZFC$ 和 $ZF$。

柯恩 (Paul Joseph Cohen，1934–2007) 為一位美國數學家。

時至今日，連續統假設仍然是當代集合論裡一個令人振奮、爭論的中心議題。

## §6.5 參考文獻

1. 程守慶，數學：讀、想，華藝學術出版部，新北市，臺灣，2020。

2. 程守慶，數學：我思故我在，華藝學術出版部，新北市，臺灣，2022。

3. Apostol, T. M., Mathematical Analysis, Second Edition, Addison-Wesley, Reading, MA, 1974.

4. Fletcher, P. and Patty, C. W., Foundations of Higher Mathematics, Third Edition, Brooks/Cole, Pacific Grove, CA, 1996.

5. Krantz, S. G., The Elements of Advanced Mathematics, Fourth Edition, CRC Press, Boca Raton, FL, 2018.

6. Pinter, C. C., Set Theory, Addison-Wesley, Reading, MA, 1971.

國家圖書館出版品預行編目資料

數學導論 = Introduction to mathematics/ 程守慶著. -- 初版. -- 新北市：華藝數位股份有限公司學術出版部出版：華藝數位股份有限公司發行, 2023.07
　面；　公分
ISBN 978-986-437-207-2（平裝）

1.CST: 數學

112010017

# 數學導論
# Introduction to Mathematics

| 作　　　者 | 程守慶 |
| --- | --- |
| 責任編輯 | 林田俊 |
| 封面設計 | 陳奕璇 |
| 版面編排 | 黃文彥 |
| 繪　　　圖 | 張世杰 |

| 發　行　人 | 常效宇 |
| --- | --- |
| 總　編　輯 | 張慧銖 |
| 業　　　務 | 陳姍儀 |
| 出　　　版 | 華藝數位股份有限公司　學術出版部（Ainosco Press） |
| | 地　　址：234 新北市永和區成功路一段 80 號 18 樓 |
| | 電　　話：(02)2926-6006　傳真：(02)2923-5151 |
| | 服務信箱：press@airiti.com |
| 發　　　行 | 華藝數位股份有限公司 |
| | 戶名（郵政／銀行）：華藝數位股份有限公司 |
| | 郵政劃撥帳號：50027465 |
| | 銀行匯款帳號：0174440019690（玉山商業銀行 埔墘分行） |
| 法律顧問 | 立暘法律事務所　歐宇倫律師 |
| ISBN | 978-986-437-207-2 |
| DOI | 10.978.986437/2072 |
| 出版日期 | 2023 年 7 月初版 |
| 定　　　價 | 新臺幣 580 元 |

版權所有・翻印必究　　Printed in Taiwan
（如有缺頁或破損，請寄回本社更換，謝謝）